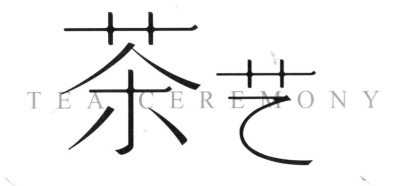

# 茶芒

TEA CEREMONY

喝一杯茶 暖一颗心

赏一枝花 愉悦心灵

翁惠璇 编著

中国轻工业出版社

**图书在版编目（CIP）数据**

茶艺 / 翁惠璇编著. —北京：中国轻工业出版社，
2023.12

ISBN 978-7-5184-4226-3

Ⅰ. ①茶…　Ⅱ. ①翁…　Ⅲ. ①茶艺—技术培训—教材
Ⅳ. ①TS971.21

中国版本图书馆CIP数据核字（2022）第255583号

责任编辑：贺晓琴

文字编辑：吴曼曼　　　　责任终审：李建华　　整体设计：锋尚设计
策划编辑：史祖福　贺晓琴　责任校对：朱燕春　　责任监印：张　可

出版发行：中国轻工业出版社（北京鲁谷东街5号，邮编：100040）

印　　刷：艺堂印刷（天津）有限公司

经　　销：各地新华书店

版　　次：2023年12月第1版第1次印刷

开　　本：787×1092　1/16　印张：16.25

字　　数：380千字

书　　号：ISBN 978-7-5184-4226-3　定价：138.00元

邮购电话：010-85119873

发行电话：010-85119832　010-85119912

网　　址：http://www.chlip.com.cn

Email：club@chlip.com.cn

如发现图书残缺请与我社邮购联系调换

211255J4X101ZBW

喝·一杯茶
暖·一颗心
赏·一枝花
愉悦心灵

"翁惠璇女士十几年潜心茶修，勤于研习，善于总结，更长于复古纳新，通过不断地积累与沉淀，提炼而成这套茶艺研修教学法，有传承有创新，内容丰富、教学相长。"这是一位茶圈前辈的谬赞，让我深感激动、备受鼓舞。

对茶的喜爱和研修是受家族潜移默化影响的，祖辈在300多年来以茶为生，在祖辈及母亲的熏陶下，我从小就对茶有着独特的情怀。什么口感寡淡、回甘生津，什么茶满欺人、先尊后卑，还有什么悬壶高冲、韩信点兵等关于茶的各种"行话"，很早就耳熟能详；自记事起，我就一直被家族茶艺文化所熏陶和感染，立志传承。

长大后，我毫无悬念地继承家族茶艺衣钵，以茶行业为生。2002年，我在广州海珠区经营起一家茶叶店。一边经营一边学习，越深入接触爱茶的人越发现，爱茶之人之所以爱茶，是因为茶背后的生活方式。茶介入生活会让生活变得平静怡然，茶的属性就不单单是一种消费品，更是一种精神寄托。缘此，我做了一个大胆的决定——把茶叶店拓展成了一间茶馆。当想法变成现实时，现实往往是骨感的，过程中碰了不少壁。例如客人表示很认可，但是很难销售茶产品；内部队伍壮大，人员难以管理等。我陷入了很长一段时间的自我疑惑：我是不是走得太快了？我是不是不适合这个行业？

后来，还得感谢我的母亲，在听到我的诉说后，母亲只是拍了拍我的肩膀微笑说道：

"经营是需要感情的。"是的，经营是需要感情的，无论是对客户还是员工。茶馆的经营跟茶叶店经营是两个完全不同的模式，茶馆跟客户的关系更是一种朋友，他之所以能来我们空间喝茶，是因为喜欢我们呈现的生活方式。所以要用心对待每一位到访的人，把细致用心作为茶馆服务最重要的标准，再探索品茗的生活方式带动茶产品的销售的经营模式。内部的员工也是一样用真心带动真心，他们就会传递真心，这种真心在茶馆的日常运营中就会变成一种服务的标准，通过这种标准感染到客户，慢慢所有的事情好像都是水到渠成一样，自然而然地我们赢来了口碑和市场。后来这种真诚的服务成为我们的特色，也演变成了我们品牌发展内核，我也给它定义成一句标语——喝一杯茶，暖一颗心；赏一枝花，愉悦心灵。

两年后，我们企业不断壮大，2006年，我把根据地迁至城市中心，于是有了位于广州繁华闹市区滨江东路的茶馆茶园尚品（广州翁暖文化传播有限公司前身，简称"翁暖文化"）。当时茶馆面积也不算大，180平方米，虽然仅有三间小小的品茗房，但我始终坚定以用心作为经营理念，遇到问题不断修正和创新。在坚持不懈的努力下，通过充分发挥自己在细致服务方面的优势，慢慢凝聚人气，生意也逐步好转起来。很快，两年时间里茶馆扩展到500多平方米的规模，并成功突破了茶馆零售难的瓶颈。

从2006年开始，在经营之余，我走遍全国各地各大茶区，深入了解茶树的生态环境、学习各大茶类制作工艺。此后更加科学系统地掌握了六大茶类的制作工艺要领。

通过不断研习与探索，我成立了翁暖花道，将花艺与茶道结合，择四时花，移花入室，满室生香，让方寸之间见乎四时天地景致，在每一个空间营造人与自然和谐共处之美。文化认同源自美的触动，心灵的撼动也许只是一刹那，却在一瞬间跨越千年时空，连接了千万华夏儿女的心，点燃文化火炬。在这之后的十余载，我致力于以美为媒，传承传统文化精粹。随着翁暖文化稳步发展，我对茶馆运营、管理的思路也日益清晰，而爱茶、爱花以及对美的追求和传播，也慢慢成为自己作为茶人的责任和使命，更成为茶馆经营的精神内核。

2018年，通过集思广益和精心筹备，我主持开展了茶馆管理和茶事服务标准化工作，并逐渐形成了茶馆运营管理标准化的理念。创立了翁暖学堂茶文化服务品牌，希望通过翁暖文化越来越完善的服务体系，帮助越来越多的茶馆企业建立独特的运营理念和企业文化，联合越来越多的茶馆企业承担起传承中国传统文化的使命，用茶和花，滋养国人的心灵。

到如今，20余年走来，翁暖文化发展成为广东省女大学生创业实践就业实习基地、广州市花城市民文化空间，创立了广州市职业技能培训学校、广州市总工会女职工创新工作室等，拥有科学管理全套技术解决方案，可执行、可落地，产教融合，致力于培养全方位复合型专业人才。多年来，翁暖文化通过政校企共建人才培育实践基地，多向互动，向行业输送大量人才，解决创业就业问题，促进中国茶行业发展。

2023年，家族传承的茶艺"广州河南茶艺——平衡沏茶法"也申遗成功，我感谢祖辈的传承及传播，也感谢传统文化对我的滋养。我们正处在一个社会大变革的时代，文化繁荣正在成为这个时代的重要标志。作为广州河南茶艺——平衡沏茶法非遗茶艺的第四代传承人，我希望通过自己的传播及培训能让更多人看到中国传统文化的魅力。未来，我将一直奋斗在实现传统文化的创造性转化、创新性发展上，使之与现代文化相融相通，共同服务于文化人的时代任务。

翁暖赋能，文化传承。光荣与梦想、责任与担当，与时代同频，以文化力量构建新时代美好生活！

本书获得国资委商业饮食服务业发展中心茶馆行业办公室推荐。

翁暖文化

翁惠璇

## 壹　中国茶文化

茶文化历史 …………………………… 拾陆

茶文化发展阶段 ……………………… 贰拾肆

## 贰　茶的概述

第一章　六大茶类概述 ………… 叁拾贰

第二章　茶的分类与产地 ……… 叁拾肆

茶树栽培与茶区 ………………… 叁拾肆

茶叶分类 …………………………… 叁拾捌

第三章　茶与健康 ………………… 肆拾

茶叶的主要化学成分及作用 ……… 肆拾

茶叶的色香味 …………………… 肆拾贰

茶的保健功效 …………………… 肆拾陆

特殊人群和特殊时期的饮茶 ……… 肆拾捌

第四章　茶的冲泡技法 ………… 伍拾

泡茶用水与茶的冲泡 …………… 伍拾

饮茶方法 ………………………… 伍拾肆

广州河南茶艺——平衡沏茶法 …… 伍拾陆

# 六大茶类

### 第一章　绿茶 ———————— 陆拾陆

绿茶的概述 ———————— 陆拾陆

绿茶的制作工艺 ———————— 陆拾玖

绿茶的分类 ———————— 柒拾壹

绿茶的冲泡技法 ———————— 柒拾陆


### 第二章　黄茶 ———————— 捌拾肆

黄茶的概述 ———————— 捌拾肆

黄茶的制作工艺 ———————— 捌拾陆

黄茶的分类 ———————— 捌拾捌

黄茶的冲泡技法 ———————— 玖拾壹


### 第三章　黑茶 ———————— 玖拾肆

黑茶的概述 ———————— 玖拾肆

黑茶的制作工艺 ———————— 玖拾柒

黑茶的分类 ———————— 玖拾玖

黑茶的冲泡技法 ———————— 壹佰壹拾肆


### 第四章　白茶 ———————— 壹佰壹拾陆

白茶的概述 ———————— 壹佰壹拾陆

白茶的制作工艺 ———————— 壹佰壹拾捌

白茶的分类 ———————— 壹佰贰拾

白茶的冲泡技法 ———————— 壹佰贰拾叁


### 第五章　青茶 ———————— 壹佰贰拾陆

青茶的概述 ———————— 壹佰贰拾陆

青茶的制作工艺 ———————— 壹佰贰拾玖

青茶的分类 ———————— 壹佰叁拾伍

青茶的冲泡技法 ———————— 壹佰肆拾柒

第六章　红茶 ………………… 壹佰伍拾

红茶的概述 …………………… 壹佰伍拾

红茶的制作工艺 ……………… 壹佰伍拾叁

红茶的分类 …………………… 壹佰伍拾陆

红茶的冲泡技法 ……………… 壹佰陆拾

肆

设茶
计席

茶席的定义 …………………… 壹佰陆拾肆

茶席设计要素 ………………… 壹佰陆拾肆

茶席视觉设计
——平面构成 ………………… 壹佰陆拾陆

伍

花翁
道暖

中国花道发展的历史时期 ……… 壹佰捌拾贰

插花技术 ……………………… 壹佰捌拾捌

花道艺术欣赏 ………………… 壹佰玖拾玖

陆

形态
礼仪

礼仪概述 ……………………………… 贰佰壹拾捌

标准礼貌用语 ……………………………… 贰佰贰拾

形态总体要求 ……………………………… 贰佰贰拾贰

标准礼仪 ……………………………… 贰佰贰拾肆

柒

演绎中华茶文化

传统民俗茶文化演绎 ……………………… 贰佰肆拾

主题茶文化演绎 ………………………… 贰佰伍拾壹

壹

中国茶文化

# 茶艺

/

拾肆

我国是世界上最早发现和利用茶树的国家。

◎1980年，在贵州省晴隆县与普安县交界的云头山发现距今164万年的古四球茶茶籽化石，世界唯一。

◎汉景帝的汉阳陵墓中出土中国最早的茶叶生物样至今已有2200年左右，生物样中展示的都是级别较高的芽茶，由此可认为早在汉代古人对饮茶就很有讲究了。

◎关于神农尝百草的传说，"神农尝百草之滋味，一日而遇七十毒，得茶而解之。"因此认为茶最早发现于公元前2700多年的神农时代。

中国茶叶的传播由寺庙开始，僧人们每天需早晚诵经，发现茶有提神醒脑的作用，便开始在寺庙内种茶、制茶、喝茶，继而传播至宫廷达官贵人之间，后传入民间。由于唐代之前没有成熟的制茶工艺，古人一般将茶叶直接晒干或闷一下（类似黄茶的闷黄工艺）后使用。到唐朝时出现了蒸青绿茶，人们饮用的即都以蒸青绿茶为主了，此时黄茶的工艺也已形成，黄茶由绿茶演变而来，四川蒙顶黄芽在唐代即为贡茶。茶成为都城西安、洛阳以及川鄂一带家家户户的饮料。至宋代，文人雅士讲究饮茶技艺，注重饮茶的意境。唐宋时期主要以团饼茶为主，宋末元初制茶工艺有了新的突破，发明了锅炒技术，炒青绿茶工艺形成。元代时，团饼茶逐渐减少，以芽茶和叶茶为主。到了明代，茶叶的加工方法和茶饮的方法均有改革，出现了黑茶、红茶，并由紧压茶改为条形散茶，直接将散茶入壶或盏，用沸水冲泡而饮，也更加讲究饮茶的情趣。清代出现白茶、青茶（乌龙茶），最终形成了

我国的六大茶类：绿茶、黄茶、黑茶、白茶、青茶、红茶。如今，茶已成为中华民族的国饮，随着时代的发展，茶品及饮茶方式也更加多元化。

茶以文化面貌出现，是在汉魏两晋南北朝时期。茶文化以茶为载体，并通过这个载体来传播各种艺术。茶文化，是茶与文化的有机融合，这体现了一定时期的物质文明和精神文明。茶文化从根本上说，就是中国人的一种生活方式，与社会生活的关系十分密切，平民百姓生活中有"柴米油盐酱醋茶"，历史文人生活中有"琴棋书画诗酒茶"。

茶文化的内容包括茶的历史发展、茶区人文环境、茶业科技、茶类和茶具、饮茶习俗和茶道茶艺、茶书茶画茶诗词等文化艺术形式，以及茶道精神与茶德、茶对社会生活的影响等诸多方面。茶文化的物质形态表现为茶的历史文物、遗迹、茶书、茶画、各种名优茶、茶馆、茶具、茶歌舞、饮茶技艺和茶艺表演等。

精神形态表现为茶德、茶道精神、以茶待客、以茶养廉、以茶养性、茶禅一味等。还有介于中间状态的表现形式，如茶政、茶法、礼规、习俗等属于制度文化范畴的内容。因此，茶文化的结构体系包括有关茶的物质文化、制度文化和精神文化三个层次。中国的茶文化由茶饮、茶俗、茶礼、茶艺和茶道五个方面构成，其中茶饮是物质文化层，茶俗、茶礼、茶艺是物质与精神层面的结合层，茶道则是精神层面的。

## 茶文化历史

### 一·"茶"字的演变

茶，在中唐之前称为"荼"。西汉司马相如的《凡将篇》中称为"荈诧"，西汉扬雄的《方言》中谈及蜀西南产茶，称茶为"蔎"，在东汉许慎的《说文解字》中称为"茗"，在三国时期魏国张揖的《埤仓》中称为"木荼"，在《杂字》中称为"荈""葭萌""诧"等。在唐代陆羽的《茶经》中记载："茶者，南方之嘉木也，一尺二尺，乃至数十尺。其巴山峡川，有两人合抱者，伐而掇之，其树如瓜芦，叶如栀子，花如白蔷薇，实如栟榈，蒂如丁香，根如胡桃。其字，或从草，或从木，或草木并。其名，一曰茶，二曰槚，三曰蔎，四曰茗，五曰荈。"到了中唐时，"荼"字演变为"茶"。

茶字的演变

茶经

# 二·茶的利用

古人对茶的利用主要经历了药用、食用和饮用三个阶段。

### 1·药用阶段

在远古时期，先民发现茶叶具有清热、解毒等功效，随即将其作为药用。关于茶作为药用的最早记载是关于神农尝百草的传说，"神农尝百草之滋味，一日而遇七十毒，得茶而解之。"《神农食经》中"茶茗久服，令人有力、悦志。"这是对茶的功效的描述。在司马相如的《凡将篇》中列举药材时，就有"荈"，即茶叶。在东汉华佗的《食经》中有"苦茶久食，益思。"

秦汉时期，茶的价值仍主要表现在药用上，西汉及以后的论著对茶的药理作用的记述越来越多，这就说明在这一时期茶的药用越来越广泛，同样也是证明这一时期茶还以药用为主。

壹 / 拾柒

# 茶艺

/

拾捌

神农氏

### 2·食用阶段

在我国西南地区的少数民族中有食用茶叶的习俗，有侗族的油茶、基诺族的凉拌茶。根据史料记载，吃茶法在西汉时期已有端倪，人们将采摘的新鲜茶叶进行简单的杀青之后，便将其碾成糊状，制成茶饼或者团茶，饮用时放上葱、姜、桂皮等进行煎煮后饮用。在魏晋南北朝时期，魏人张揖的《广雅》中就有"荆、巴间采茶作饼，叶老者，饼成，以米膏出之。"并有古人将茶叶加入粮食中煮"茶粥""羹饮"的记载。

### 3·饮用阶段

随着茶叶不断发展，对茶的利用从直接食用鲜叶，到鲜叶加工成干茶储藏备用，生嚼茶叶的习惯转变为煎服，即将鲜叶洗净后置于陶罐中加水煮熟连汤带叶服用，煎煮的茶虽苦涩，但滋味浓郁，风味与功效均胜几筹，时间久了人们便养成了煎煮茶品饮的习惯，这是茶发展为饮料的开端。经历了唐、宋、明三代的发展，演变出了唐煎、宋点、明泡三种饮茶方式。明朝的撮饮是将茶叶放在茶壶中，以沸水冲泡后直接饮用。现在的冲泡方法便是在明朝的泡茶方式上演变而来的。

## 三·茶文化的国际传播与影响

**1·中国茶文化对日本茶道的影响**

日本古代有关茶叶的最早记录出现在《正仓院文书》中。该书收集了天平六年（734）至宝龟二年（771）间的四十篇文书，食品清单中出现了茶叶。而中国古代开始栽种茶树，到汉代，茶叶已发展成为商品。到了唐朝，饮茶之风盛行。唐玄宗开元年间（713—741）饮茶渐成风俗。中唐时期，饮茶之风更普遍，"上自宫省，下至邑里，茶为食物，无异米盐。"

茶文化传播

　　唐朝时日本"遣唐使"规模最大的一次发生在唐太宗统治时期（627—649）。公元701年至752年间的日本"遣唐使"四次来唐，此时处于唐玄宗统治下（713—741）"开元之治"的盛世。除了派遣使节和留学生，为了学习先进的文化，他们还邀请了唐朝高僧鉴真到日本传戒，为日本文化的繁荣做出了重大贡献。

　　玄宗开元元年（713），唐高僧鉴真学成后，以扬州为中心，在江淮一带从事宗教活动。唐天宝元年（742），鉴真应日本僧人荣叡和普照邀请，先后6次东渡，历尽千辛万苦，终于在公元754年到达日本。

　　从以上的佐证中，可推测日本古代有关茶叶的最早记录《正仓院文书》，应是日本遣唐使来唐交流，而后回国记载于文书上，但此时中国茶并未正式传入日本。

　　从中窥探到，日本从最早期的茶叶记载到后续的茶道发展，唐高僧鉴真在中日文化交流上功不可没，这段时期中日文化交流，包括后来的平安时代（794—1192）、镰仓时代（1185—1333）均集中在中日僧人交流上，鉴真在唐朝时期对日本影响力之大，一定程度上推动了中日文化交流和中国茶文化东渡。

　　镰仓时代时日本禅宗祖师荣西曾两度入宋。第一次是仁安三年（1168），半年后回到日本；第二次入宋是文治三年（1187），建久二年（1191）回到日本。荣西引进中国茶，在日本饮茶史上具有很重要的意义，不仅从中国带回来茶籽，还完成了日本第一部茶书《吃茶养生记》，强调了茶叶的药用功效，下卷的"吃茶法"中记载"极热汤以服之，方寸匙二、三

正仓院文书

荣西禅师

匙。多少虽随意，但汤少好，其又随意……"。这种饮茶的方式就是宋代的点茶法，荣西的饮茶方式应源于禅宗寺院的茶礼。

仁治二年（1243）圣一国师圆尔辨圆返回日本时，带回了一卷《禅苑清规》，并在此基础上制定了东福寺的清规。大应国师南浦绍明于正元元年（1259）入宋，学法于径山万寿寺的虚堂智愚，并于文永四年（1267）携带七部茶典和茶台子回国，在日本开始推行南宋禅院的茶礼。

### ◀ 日本茶道的形成 ▶

日本茶道，由村田珠光（1423—1502）、武野绍鸥（1502—1555）、千利休（1522—1592）集大成而成茶道。之后，由诸侯以及千利休的子孙们普及全日本。"一碗茶中的和平""一碗茶的友爱"乃是千利休茶道的内涵所在。日本茶道经过江户时代（1603—1868），进一步发展成师徒秘传、嫡系相承的形式。

茶艺

／

贰拾贰

# ◀ 现代日本茶道 ▶

　　现代日本茶道的流派是由数十个流派组成的，每个流派都推举出了自己的"家元"。最大的流派是以千利休为祖先，其子孙继承发展的"表千家流""里千家流""武者小路千家流"，统称"三千家"。其中又以"里千家"影响最大。除"三千家"外，日本茶道流派还有薮内流、有乐流、久田流、织部流、南坊流、宗编流、松尾流、石川流等。

　　日本南北朝时期流行的"唐式茶会"，简称"茶会"。茶会的内容富有中国情趣和禅宗风趣，最初流行于禅林，不久便在武士阶层中流行起来。

　　到了18世纪，日本茶道的限制就更严格了，继承人只能是长子，代代相传，称为"家元制度"。家元制度的建立是日本茶道长盛不衰的重要原因之一。

　　由于茶道文化十分复杂，点茶技法不易掌握，因而学习茶道非短时间所能完成，需要长年修行。而点茶技法是由各流派的家元来传授，并且除了"家元"，他人不得做任何改动。有的技法家元只传给自己的儿子或亲近的人，有的技法只有家元才有资格进行表演。

## 2 · 中国茶文化对英国茶文化的影响

郑和七次下西洋，茶叶也随着他航行的轨迹传到世界各地，此时，中外茶文化交流处于普及阶段，郑和下西洋让东南亚与印度的人们接触到了茶，建立了一个对中国茶较为粗浅的认识——一种饮料。

真正把茶叶带到欧洲的人来自荷兰。1606年，第一批中国茶叶通过荷兰东印度公司在厦门进入海上贸易之旅，首次中国茶海外贸易随之诞生。

荷兰人把茶叶带到欧洲后，在西方国家海上霸权争夺战中被英国打败。1669年，英国颁布法令，禁止荷兰与中国进行海外贸易。就此，英国取得了亚洲茶叶的贸易权，这也意味着，英国取得亚洲产业的贸易权。

这里不得不说另外一个影响中国茶西渡的重要人物。清顺治十五年（1658），英国出现第一则茶叶广告，而中国茶传入英国后，第一个倡导饮茶的就是葡萄牙的凯瑟琳公主，在公主嫁给英国查理二世时（1662），她的嫁妆中有一箱红茶，饮茶风尚也随之被带入皇家。

凯瑟琳公主因为嗜茶、崇茶而被称为"饮茶皇后"。她不仅倡导饮茶，还对英国的饮茶习俗进行了变革，摒弃了一些繁文缛节，倡导简洁，饮茶很快在王公贵族之间流行开来。

凯瑟琳公主

与茶叶一起来到英国的还有精美的中国茶具，包括紫砂壶、锡罐和红木茶案等。英国贵族将中国的茶具和瓷器视为最为珍贵的物品，只有高贵的客人到访时才会拿出来招待和欣赏，瓷器的精美程度及其高贵价值在当时成为贵族们攀比的对象，拥有全套精美的茶具总是能为主人带来无上荣光。

英国瓷器茶具

## 茶文化发展阶段

"文化"虽是新时代出现的名词，它的内容却是历史的、久远的、客观存在的，并非现在新的发明。用"茶文化"这个词，能更恰当地概括和表达茶的物质文明和精神文明的内容。茶文化是以茶为载体，以茶的品饮活动为中心内容，表达民俗风情、审美情趣、道德精神和价值观念的大众生活文化和精英文化。

中国茶文化虽历史悠久、源远流长，然而"茶文化"这个词却还是新的。"茶文化"这个词最初出现在20世纪80年代初，那时称"茶叶文化"。

## 一·茶文化的萌芽时期

西汉是茶文化的萌芽期，茶由药用、食用发展至饮用，从顾炎武"自秦人取蜀后始知茗饮"之说可知，茶文化的萌芽时期大约可以从秦汉起。秦汉两朝400多年，茶在作药用、食用的同时，逐步发展至日常饮用，并成为可交换、买卖的商品，在西汉末年王褒的《僮约》中就有"武阳买茶"的记录，茶的品饮文化开始萌芽。

在魏晋南北朝及隋朝，茶用鲜叶或者干叶煮成羹汤食用，又或者是在茶中加入茱萸、桂皮、葱、姜、枣等煮成汤汁或药饮。晋郭璞《尔雅注疏》中对"槚，苦荼"的注释："树小似栀子，冬生叶，可煮作羹饮。今呼早采者为茶，晚取者为茗，一名荈，蜀人名之苦荼。"其中"羹"是指用肉类或菜蔬等制成的带有浓汁的食物。

到中唐时期，陆羽《茶经》成书。由秦汉至中唐的这一时期成为茶文化的萌芽时期，在这个时期中，对茶的利用从以药用、食用为主演变成以饮用为主。

## 二·茶文化的形成时期

茶文化的雏形是在唐代形成的。唐代陆羽的《茶经》标志着中国茶文化的形成，陆羽在《茶经》中将儒、释、道的文化融入饮茶中，开创了中国茶道精神。在陆羽之后又有张又新的《煎水茶记》、温庭筠的《采茶录》、王敷的《茶酒论》等。

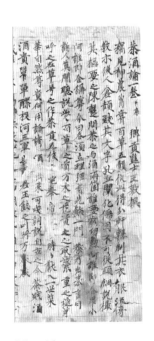

《僮约》　　　　　　　　　　　《茶酒论》

### 三·茶文化的兴盛时期

唐代的茶叶产区已遍布长江南北的13个省，在唐代，茶文化迎来了空前兴盛时期。唐代茶业经济大发展，带来了茶利大兴、茶道大兴，人们对茶饮在修身养性方面的作用也有了相当深刻的认识。唐代煎茶法在中国茶叶饮用的三个发展进程中非常具有代表性，唐代虽已有饮粗茶、散茶、末茶、饼茶，但主流是以饼茶为主。唐代饮茶，提倡清饮，不再"用葱、姜、花椒等"，只加适量的盐。

其中最早、最完善的茶道流程就是唐代陆羽所创的煎茶茶道。煎茶法是指陆羽在《茶经》中记载的一种煎茶方法，茶主要用饼茶，饼茶经炙烤、冷却后碾罗成末，初沸调盐，二沸舀出一瓢水，然后投末，并加以环搅，三沸则止。饮用时，趁热将茶渣和茶汤一起喝下去，谓之"吃茶"。

### 四·茶文化的鼎盛时期

宋代时我国茶叶产业得到了长远发展，出现了大量以茶为业的专业户与手工作坊性质的茶焙，茶叶产区扩大，产量增加，茶叶经济得以全面提升。宋代茶文化进入了繁荣与奢华的阶段。

宋代茶文化与唐代的相比，有以下几个方面的表现。

① 茶色贵白，创造龙凤团茶，把茶叶制作的精细程度推到极致。

② 流行点茶法，大大提升了茶的品饮艺术，是末茶茶艺最辉煌的时期。

③ "斗茶""分茶"开创了茶文化的新篇。

④ 茶肆茶坊兴盛，休闲功能突显。

⑤ 茶书著述和以茶事为主题的作品丰富。

宋代的点茶道形成于北宋中后期，宋代茶人承先启后，创立了点茶茶艺，发展了饮茶修道的思想。点茶道鼎盛于北宋中后期至明朝初期，至明朝末期而亡，历时约600年。

宋代尚片茶，点茶用的也是片茶。宋代上品片茶主产于福建建安的凤凰山一带，又名北苑贡茶。宋太宗命人特制龙凤模，制龙凤团茶。宋代茶叶以白为贵，碾茶后茶叶呈青白色。

唐代的煎茶重于技艺，宋代的点茶更重于意境。宋代点茶法即用开水冲泡茶粉，并用茶筅搅拌后饮用，今日本的抹茶道就是起源于此。

### 五·茶文化的转型过渡时期

一切事物的发展过程均会有"盛极而衰"的现象。元代相对于宋代的盛极而言，茶文化的进程"衰落"了，准确地说是转型和过渡，主要表现为以下几个方面。

### 1 · 在茶叶制法上由团饼向散茶过渡

元代仍流行团饼茶，在武夷山的御茶园中仍制作团饼茶。宋代所称的"草茶"（即叶茶、散茶）已得到很大发展。如果说南宋是草茶的孕育期，那么元代则是草茶的成长期。

龙井茶在元代散茶成长中才露出了头。元代诗人虞集在《游龙井》中，第一次说到了品尝龙井当地的茶："烹煎黄金芽，不取谷雨后。"

### 2 · 在茶的品饮方式上由末茶冲点向散茶撮泡过渡

王祯《农书》说："茶之用有三，曰茗茶，曰末茶，曰蜡茶。凡茗煎者择嫩芽，先以汤泡去熏气，以汤煎饮之。今南方多效此。然末子茶尤妙。先焙芽令燥，入磨细碾，以供点试……旋入碾罗。"

忽思慧《饮膳正要》中列述几种茶的点泡方法，其中有冲点的，有撮泡的，也有煎烹的。"建汤：玉磨末茶一匙，入碗内研匀，百沸汤点服"，这基本上承袭宋代的点茶法。"清茶：先用水滚过滤净，下茶芽，少时煎成"，这是芽茶的泡法。

再从元代诗人的诗作中可看出，当时是团散茶并重。耶律楚才有咏团饼茶的诗："玉杵和云春素月，金刀带雨剪黄芽""红炉石鼎烹团月，一碗和香吸碧霞"。他也有咏散茶诗："玉屑三瓯烹嫩蕊，青旗一叶碾新芽。"

### 3 · 在饮茶风气上由奢侈豪华向追求自然质朴过渡

元代贡茶还是散、团并重。御茶园仍制作龙团茶，但贡茶不再"以白为贵"，不像制作"龙团胜雪"那样过于精巧了。常湖等处提举司所辖的茶园则是"采摘芽茶，以贡内府"。

同时，元朝的统治者还将蒙古族的饮茶习惯与汉族的饮茶习惯相融合，产生了更加丰富多彩的饮茶方式。这在忽思慧《饮膳正要》里有不少记载，如玉磨茶、枸杞茶、炒茶、兰膏、酥签等。玉磨茶是用上等紫笋五十斤，筛简净，苏门炒米五十斤，筛简净，一同拌和匀，入玉磨内，磨之成茶。

## 六 · 茶文化的创新改革时期

明代是我国茶叶采制加工和烹饮的创新与变革时期。明洪武二十四年（1391），明太祖朱元璋为减轻茶户劳役，下诏令："岁贡上供茶，罢造龙团，听茶户惟采芽茶以进。"这"芽茶"，就是唐宋时期已有的"草茶""散茶"。这种曾经不入品号、制作简易的散茶，曾是民间百姓日常的饮用茶，而明太祖下诏贡茶也按此制作。这在茶叶加工制作上是一次划时代的变革，制茶的工艺有了新的突破，出现了黑茶、白茶、红茶，由此带来了饮茶方式的嬗变和茶文化的大普及。

### ◀ 明代撮泡法 ▶

明代饮茶，改宋代点茶法为撮泡法，开千古茗饮之宗。散茶用沸水冲泡饮用，虽明代之前也有，但将这种饮法推广于宫廷和官宦之家，进而影响朝野，应该是在明代。清俞樾《茶香室续钞》说："今人瀹茗之法起于明初"。明末文震亨《长物志》称撮泡法"简便异常，天趣悉备，可谓尽茶之真味矣"。

明代是茶书著述最多的时期，共出书68种，其中现存33种，辑佚6种、已佚29种。明代革新新茶叶采制工艺，开创撮泡法，茶人们适应时代需要，著书立说，如张源的《茶录》、许次纾的《茶疏》、田艺蘅的《煮泉小品》等，都是作者长期钻研、总结积累之作，又都"宗新改易""亦自有见"。

明清的泡茶法继承了宋代点茶法的清饮，不加佐料。清朝时，在闽、粤的一些地区流行一种青茶（乌龙茶）的"工夫茶"泡法。

源于明清的工夫茶，操作程序比较繁复，一般以三四人为宜。明代泡茶法，虽比煎茶、点茶要简化便捷不少，不必再炙茶、碾茶、罗茶等，但要泡好茶仍有许多技艺。仅以许次纾《茶疏》所述，撮泡法的要领如下。

① 火候。泡茶之水要以猛火急煮。煮水应选坚木炭，切忌用木性未尽尚有余烟的木炭，"烟气入汤，汤必无用"。煮水时，先烧红木炭，"既红之后，乃授水器，仍急扇之，愈速愈妙，毋令停手。停过之汤，宁弃而再烹。"

② 选具。泡茶的壶杯以瓷器或紫砂为宜。"茶瓯古取建窑兔毛花者，亦斗碾茶用之宜耳。其在今日，纯白为佳，兼贵于小，定窑最贵。"茶壶主张小，"小则香气氤氲，大则易于散漫。大约及半升，是为适可。独自斟酌，愈小愈佳。"

③ 荡涤。泡茶所用汤铫壶杯要干燥清洁。"每日晨起，必以沸汤荡涤，用极熟黄麻巾向内拭干，以竹编架，覆而皮之燥处，烹时随意取用。修事既毕，汤铫拭去余沥，仍覆原处。"放置茶具的桌案也必须干净无异味，"案上漆气食气，皆能败茶"。

④ 烹点。泡茶时，"先握茶手中，俟汤既入壶，随手投茶汤，以盖覆定。三呼吸时，次满倾盂内，重投壶内，用以动荡香韵，兼色不沉滞。更三呼吸顷，以定其浮薄。然后泻以供客。则乳嫩清滑，馥郁鼻端"。次序应是：先称量茶叶，待水烧滚后，即投入茶壶中，随后注水入壶，先注少量水，以温润茶叶，然后再注满。第二次注水要"重投"，即高冲，以加大水的冲击力。

⑤ 饮啜。细嫩绿茶一般冲泡3次。"一壶之茶，只堪再巡。初巡鲜美，再则甘醇，三巡意欲尽矣。"第三巡茶如不喝，可以留着，供饭后啜漱之用。

清代是六大茶类齐全的一个朝代，泡茶法继承于明朝，成熟于清代，延续至今。

清代前期，中国的茶叶生产有了惊人的发展，种植的面积和产量较之前都有了大幅度的提高。茶叶更以大宗贸易的形式迅速走向世界，我国曾一度垄断了整个世界的茶叶市场。茶进入了商业时代。

清代是中国历史上茶馆行业最为鼎盛的时期，各类茶馆遍布城乡，数不胜数，蔚为壮观，构成了近代绚丽多彩的茶馆文化。

清代的统治者，尤其是康熙、乾隆，皆好饮茶。乾隆首倡"新华宫茶宴"，每年于元旦后三日举行。仅清一代在新华宫举行的茶宴便有六十次之多。这种情况使得清代整个上层社会品茶风气尤盛，进而影响到民间。

茶的概述

第一章

概述 六大茶类

中国茶

**绿茶** [不发酵]

**黄茶** [轻发酵]

**黑茶** [后发酵]

晒青绿茶
（滇青、川青、陕青等）

烘青绿茶
细嫩烘青（黄山毛峰、太平猴魁等）
普通烘青（浙烘青、徽烘青、苏烘青等）

炒青绿茶
长炒青（眉茶、贡熙等）
圆炒青（珠茶、雨茶等）
扁炒青（龙井、大方、碧螺春、松针等）

蒸青绿茶
（蒸青玉露、煎茶等）

黄大茶（霍山黄大茶、广东大叶青等）

黄小茶（北港毛尖等）

黄芽茶（君山银针等）

云南黑茶（紧茶、饼茶、方茶、普洱散茶、普洱沱茶等）

广西黑茶（六堡散茶、篓装六堡茶）

湖北黑茶（老乌龙茶、青砖茶、米砖茶等）

陕西黑茶（泾阳茯砖茶）

四川边茶（做庄茶、康砖、金尖、茯砖、方包茶等）

湖南黑茶（湖南黑毛茶、湘尖、花砖、茯砖、黑砖等）

1979年我国陈橼教授以茶类制法与品质为基础，按茶多酚氧化程度轻重的次序将茶分为六大类，即绿茶、黄茶、黑茶、白茶、青茶、红茶。茶多酚的氧化程度以绿茶最轻，依次加深，红茶最重。因为茶多酚的氧化聚合物随氧化程度的由浅入深，颜色由黄色向橙色、红色、黑褐色渐变，因此茶叶汤色由黄绿色向黄色、橙黄色、红色、红褐色渐变。茶叶外观色泽也由绿色向黄绿色、黄色、青褐色、黑色渐变。六大茶类中各自包含着数种乃至数百种茶叶，外形、内质都有所差别。

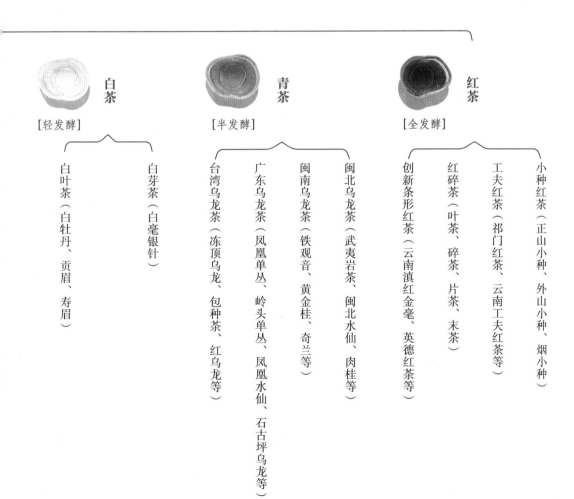

白茶

[轻发酵]

白叶茶（白牡丹、贡眉、寿眉）

白芽茶（白毫银针）

青茶

[半发酵]

台湾乌龙茶（冻顶乌龙、包种茶、红乌龙等）

广东乌龙茶（凤凰单丛、岭头单丛、凤凰水仙、石古坪乌龙等）

闽南乌龙茶（铁观音、黄金桂、奇兰等）

闽北乌龙茶（武夷岩茶、闽北水仙、肉桂等）

红茶

[全发酵]

创新条形红茶（云南滇红金毫、英德红茶等）

红碎茶（叶茶、碎茶、片茶、末茶）

工夫红茶（祁门红茶、云南工夫红茶等）

小种红茶（正山小种、外山小种、烟小种）

# 第二章

# 茶的分类与产地

## 茶树栽培与茶区

中国是最早发现茶树、栽培茶树的国家，历史上世界其他产茶国关于茶的种植、利用均是从中国直接或间接传入的。先民用茶的历史过程是由药用、食用到饮用。

四川地区在古代即为茶叶生产中心，在汉末《桐君采药录》中记述了东汉有五六个产茶地。北魏杨衒之的《洛阳伽蓝记》中有南方普遍饮茶的记载，长江中下游地带均已广泛种植茶树。唐代是茶叶生产兴盛期，饮茶普及，有八大茶区，出现专营大茶园，陆羽完成《茶经》成为茶科技史上的里程碑。《茶经》中记载茶叶产地达43州郡。在《东溪试茶录》中对福建茶树品种资源突出科学分类方法和标准。《北苑别录》中突出茶园"开畲"深耕技术，南宋产茶地有66州。据明代宋濂所著《元史》等有关史料记载，当时茶叶主产地为江西行中书省、湖广行中书省，包括今湖南、湖北、广东、广西、贵州，以及重庆和四川南部，较宋代茶区有扩展。明代茶叶历史资料中，没有新产茶地区的记述，茶区沿袭至元代，无重大变化。清代茶区扩大，开始大面积经营，茶园栽培管理更加科学、精细。

中国的茶区广阔，分布在北纬18°~36°，东经92°~122°，从海拔数米到2600米范围之间。茶树分布在热带、亚热带和暖温带三个气候带内，其气候、土壤、地形、海拔、生产条件等诸多方面存在较大差异。

在唐代，陆羽的《茶经》中已经划分出八大茶区，即山南、淮南、浙西、浙东、剑南、黔南、黔中、江南和岭南。在宋代，则是根据行政道、郡划分茶区，产茶地有66个州、242个县，形成了片茶和散茶两大生产中心。目前，业界比较认可的茶区划分，主要是由中国农业科学院茶叶研究所在1986年划分的江北、江南、西南和华南四大茶区。

（1）**江北茶区**　是指长江以北的茶树生长区域，地域范围为秦岭以南、长江以北、大巴山以东至沿海，江北茶区位于长江中、下游北岸，包括河南、陕西、甘肃、山东等地区。江北茶区属北亚热带和暖温带季风气候区，年平均气温为13～16℃。茶树种植集中在大别山、伏牛山、武当山区，以及秦岭以南、大白山以北的山地和丘陵，种植海拔高度在500米以下。茶树品种为灌木型中小叶群体种，抗寒性较强，如紫阳种、信阳种、黄山种等。生产茶类有绿茶、黄茶类，名茶有六安瓜片、信阳毛尖、霍山黄芽、午子仙毫等。

江北茶区

（2）**江南茶区**　是指长江以南、南岭以北的茶树生长区域，是中国主要产茶区，地域范围：北起长江，南至南岭，东邻东海，西接云贵高原，包括广东、广西、福建北部，湖北、安徽、江苏南部和湖南、江西、浙江省全境。江南茶区位于中亚热带、南亚热带季风气候区，四季分明，全年平均气温15～18℃。茶树主要是灌木型品种，也有半乔木型品种。江南茶区茶叶品种资源丰富，主要品种有福鼎大白茶、黄山种、杨树林种、福建水仙、安化大叶种等。生产茶类有红茶、绿茶、青茶、白茶、黑茶等。名茶主要有黄山毛峰、太平猴魁、西湖龙井、洞庭碧螺春、南京雨花茶、君山银针、安化松针、恩施玉露、大红袍、庐山云雾等。

江南茶区

（3）**西南茶区**　是指中国西南部的茶树生长区域，地域范围包括米仓山、大巴山以南，红水河、南盘江、盈江以北，神农架、巫山、方斗

西南茶区

山、武陵山以西，大渡河以东。包括贵州、四川、重庆、云南中北部及西藏东南部，是中国最古老的茶区。西南茶区属于亚热带季风气候区，地势高，垂直气候变化大。茶树类型多，有乔木型、半乔木型品种，大多数为灌木型种、小叶种。生产茶类有红茶、绿茶、黄茶、边销茶等。名茶有都匀毛尖、蒙顶甘露、青城雪芽等。

（4）**华南茶区** 是中国最南部的茶树生长区域，地域范围为福建大樟溪、雁石溪，广东梅江、连江，广西浔江、红水河，云南南盘江、无量山、保山、盈江以南。包括福建东南部、广东中南部、广西南部、云南南部、海南省、台湾省。

华南茶区

# 茶叶分类

中国古代茶叶划分是随着朝代而变化的，中国现代则是将茶叶分为基本茶类和再加工茶类。

## 一·中国古代茶叶类别

### 1·团饼茶

团饼茶也称"团茶""饼茶""片茶"，是唐宋时期的团状或饼状茶叶。

宋代贡茶龙团凤饼模具图案

### 2·散茶

散茶也称散叶茶，是由较细嫩的原料制成的，芽叶完整、且未压制成形的茶。《宋史·食货志》："散茶出淮南归州、江南荆湖，有龙溪、雨前、雨后、绿茶之类十一等。"元代按原料老嫩程度将散茶分为芽茶和叶茶。历史上著名的散茶有：唐代的蒙顶石花、麦颗、雀舌、片甲、蝉翼等；宋代的蒙顶石花、峨眉白

芽茶、峡州紫花芽茶、双井白芽、庐山云雾、宝云茶、日铸雪芽等；元代的探春、先春、次春、紫笋、雨前、岳麓茶、龙井茶、阳羡茶等。明代末期各产茶地几乎都生产散茶。

## 二·中国现代茶叶类别

中国现代生产的茶叶依据制造方法和茶多酚氧化程度的不同分为绿茶、黄茶、黑茶、白茶、青茶（乌龙茶）和红茶六大类。

中国茶叶历史悠久、种类繁多，有历史名茶、新创名茶、地方名茶、省级名茶、国优名茶和名优茶之分，所以中国有"十大名茶"之说，但是有多种说法：

- 1915年巴拿马万国博览会将碧螺春、信阳毛尖、西湖龙井、君山银针、黄山毛峰、武夷岩茶、祁门红茶、都匀毛尖、铁观音、六安瓜片列为中国十大名茶。
- 1959年中国"十大名茶"评比会，将南京雨花茶、洞庭碧螺春、黄山毛峰、庐山云雾茶、六安瓜片、君山银针、信阳毛尖、武夷岩茶、安溪铁观音、祁门红茶列为中国十大名茶。
- 1999年《解放日报》将江苏碧螺春、西湖龙井、安徽毛峰、六安瓜片、恩施玉露、福建铁观音、福建银针、云南普洱茶、福建云茶、江西云雾茶列为中国十大名茶。
- 2001年美联社和《纽约日报》将黄山毛峰、洞庭碧螺春、蒙顶甘露、信阳毛尖、西湖龙井、都匀毛尖、庐山云雾、安徽瓜片、安溪铁观音、苏州茉莉花列为中国十大名茶。
- 2002年《香港文汇报》将西湖龙井、江苏碧螺春、安徽毛峰、湖南君山银针、信阳毛尖、安徽祁门红茶、安徽瓜片、都匀毛尖、武夷岩茶、福建铁观音列为中国十大名茶。

第三章

# 茶与健康

## 茶叶的主要化学成分及作用

茶叶中的化学成分十分丰富，主要化学成分有茶多酚、蛋白质和氨基酸、酶类、糖类、维生素、生物碱类、醇类、矿物质元素等。

### 一·茶多酚

茶多酚也称为"茶鞣质""茶单宁"，是一类存在于茶树中的多元酚化合物的混合物，主要组分为儿茶素、黄酮、黄酮醇类、花青素类、花白素类和酚酸及缩酚酸等。其中最重要的是以儿茶素为主体的黄烷醇类，占茶多酚的一半以上，是茶叶保健功能的首要成分，对茶叶的色、香、味的形成起重要作用。

儿茶素，也称儿茶酸，分为酯型和非酯型两类。茶叶新梢是儿茶素形成的主要部位，主要存在于叶细胞的液泡中。大叶种儿茶素含量高于小叶种，夏茶高于春秋茶。儿茶素在茶树呼吸过程中起着递氢的作用，在红茶制作中是形成茶黄素和茶红素类物质的前导物，其在制茶中的变化是赋予茶叶色、香、味的物质基础。

## 二 · 茶黄素

茶黄素是儿茶素的氧化聚合产物,是红茶色泽和滋味品质的特征成分,1957年在红茶中检出。茶黄素的含量越高,汤色明亮度越好,呈金黄色;含量越低,汤色越深暗。

## 三 · 咖啡碱

茶叶中咖啡碱的含量一般为2%~4%,细嫩茶叶比粗老茶叶含量高,夏茶比春茶含量高。红茶加工中,萎凋工序有利于其含量增加。咖啡碱是茶叶重要的滋味物质,与茶黄素以氢键缔合后形成的复合物具有鲜爽味。对人体有一定的兴奋作用,并具有一定的药理功能,可人工合成。

## 四 · 维生素

茶叶中还含有十多种维生素,其中水溶性维生素可以通过饮茶被人体吸收利用。在茶叶中维生素C的含量比较高,一般绿茶的维生素C含量可以达到100~250毫克/100克,红茶、青茶由于加工方法维生素C的含量相对较低。而维生素$B_2$、维生素$B_3$、烟酸在茶叶中的含量较高,此外还有叶酸。

## 五 · 蛋白质和氨基酸

茶叶中含有丰富的蛋白质和氨基酸,茶树新生组织细胞内含有大量的蛋白质,如白蛋白、谷蛋白、球蛋白等,一般幼嫩芽叶中占干重25%左右,其中部分水溶性蛋白质可溶于水。茶叶中,经冲泡进入茶汤的蛋白质很少,只占茶叶蛋白质总量的2%左右,这对保持茶汤清亮和茶汤胶体液的稳定性起重要作用,对增进茶汤滋味和营养价值也有一定作用。

茶叶中还含有茶氨酸等非蛋白质氨基酸,另有一些氨基酸是以游离状态存在的,称为"游离氨基酸",存在于茶叶中的游离氨基酸有甘氨酸、缬氨酸、亮氨酸、异亮氨酸、丝氨酸、苏氨酸、苯丙氨酸、酪氨酸、色氨酸等。茶叶中游离氨基酸总量为1%~2%,老叶中的含量只有新梢的四分之一。游离氨基酸是茶汤鲜味的主要来源。有些游离氨基酸与茶叶香气有关,其中精氨酸、苯丙氨酸、缬氨酸、亮氨酸和异亮氨酸等,都可转变成香气物质或作为香气物质前体。

## 六 · 酶类

酶在茶树体内无所不在，离体后的器官或组织，在酶蛋白尚未钝化和变性之前，仍具有活力。酶所能催化的反应，多数是可逆的，它既催化物质的合成与转化，也催化物质的分解、氧化还原或异构化作用。茶叶的制造，正是利用酶的这些特性，如在绿茶制造中，较早地终止酶的活性（杀青）；红茶制造期间，充分进行酶促氧化和降解。半发酵茶，如乌龙茶，需适当控制酶的作用时间和氧化程度。后发酵茶，如砖茶、普洱茶等，则利用外源微生物及其分泌的酶类促使茶多酚氧化，聚合成茶黄素、茶红素、茶褐素等，从而形成普洱茶汤色红浓，滋味醇正的品质特征。茶叶中已经研究发现的内源酶有几十种，按性质可以分为氧化还原酶类、水解酶类、合成酶类、核酸酶类、其他酶类。由其他植物或微生物获得的少数外源酶类，在茶的深加工中具有非常重要的作用。

## 茶叶的色香味

### 一 · 茶叶色泽

#### 1 · 干茶色

干茶色泽主要是从色度和光泽度两个方面来衡量。色度是指茶叶的颜色及颜色的深浅程度；光泽度是茶叶接受外来光线后，一部分光线被吸收，另一部分光线被反射出来，形成茶叶色泽亮暗程度。各类茶叶都有一定的色泽要求，如绿茶以翠绿、深绿光润为好；红茶以乌黑油润为好。

干茶色

绿茶的干茶色主要由叶绿素决定，即深绿色的叶绿素a和黄绿色的叶绿素b。叶绿素a在茶叶的贮藏过程中易受光分解导致绿色消失，其中一部分变成脱镁叶绿素，呈黑褐色，因而贮藏不当的绿茶很快由翠绿色转变为黄褐色。

红茶是经过发酵的，多酚类物质充分氧化成茶黄素、茶红素。红茶的干茶色乌润，是红茶加工过程中叶绿素分解的产物——脱镁叶绿素及果胶质、蛋白质、糖和茶多酚氧化产物附集在茶叶表面，干燥后呈现出来的。

黑茶在"渥堆"过程中，叶绿素降解，多酚类氧化形成茶黄素、茶红素，以及茶褐素，因此黑茶的干茶色为褐色。

### 2·叶底色

叶底是指茶叶经过冲泡后，沥出茶汤后留下的茶渣。不同茶类的叶底色泽不尽相同。如绿茶为绿色、红茶为紫铜红色、青茶为红绿相映、黑茶为深褐色、黄茶为黄色、白茶多为灰绿色。

### 3·茶汤色

茶汤色是指冲泡茶叶后，沥入审评碗中的茶汤呈现的颜色、亮度和清浊度。由于茶汤溶解了多种茶叶内含成分，可直观地反映茶叶品质。决定茶汤颜色的物质主要是茶多酚，若茶多酚类物质氧化程度轻，汤色就浅；氧化程度越重，颜色就越深。所以，就茶叶本身而言。不同的茶树品种、加工技术和贮运等因素，都会影响汤色，如绿茶多为绿明、红茶显红亮、青茶橙黄（红）、黄茶（白茶）呈黄色、黑茶具棕色等。

叶底色

茶汤色

## 二·茶叶香气

茶叶的香气是指人的嗅觉所能辨别的茶叶挥发的各种气味，包括茶叶各种香气的类型、高低、纯异、持久性等。香气是人们能感知的茶叶品质、风味的一个重要方面。茶叶中已知的香气成分达数百种之多，组分的差异形成了各种不同的香气，如绿茶多具清香、红茶显糖香、黄茶有甜熟香、青茶呈花果香、白茶透毫香、黑茶带陈香等。

香气类型的不同主要取决于制茶方法的变化，但对具体某一种茶的香气而言，则涉及茶树品种、生长条件、原料嫩度及制茶技术等因素。若茶叶在制作和贮运中方法不当，会导致茶叶带异味，影响品质，如干燥温度过高易形成焦味，与有挥发性刺激物混放会吸附异味等。

### 三 · 茶叶滋味

茶叶的滋味，也称为"茶味""汤味"，是指人的味觉能感受辨别的茶汤味道，包括汤质的滋味类型、浓淡、纯异等内容。茶叶的饮用价值主要体现在茶汤中有效物质的含量和呈味物质的组成是否符合人们的要求，即滋味的好坏上。

构成茶汤滋味的物质有多种，主要是茶多酚、咖啡碱、氨基酸、糖类等。不同的物质各有滋味特征，通过相互配合，形成了滋味的综合感觉，其中尤以茶多酚的含量表现最明显：茶多酚含量高，滋味浓；反之则滋味淡。

茶叶的各种呈味物质组分，直接受茶树品种、生长条件、季节、采摘、制作等因素的影响。如以茶树品种而言，大叶种茶滋味较浓，小叶种茶滋味较淡；以制茶季节而言，春茶滋味较醇和，夏秋茶相对较浓涩；以采摘讲，正常嫩度的茶叶滋味醇爽，粗老茶则呈粗青味；因加工技术的不同，使茶叶内含成分变化不一，也形成了茶叶滋味的不同风格。不同的茶类，对滋味的要求也有所不同，如名优绿茶要求鲜爽，而红碎茶强调滋味浓度等，但各类茶的口感都必须正常，无异味。茶叶滋味中的异味多因制作与贮运不当所致，如机制绿茶杀青温度过高，会产生烟焦味，贮运中被杂异物质污染，可能吸附不愉快的"怪味"等，有严重异味的茶叶属劣变茶。

# 茶的保健功效

茶叶的保健功效早在2000多年前就已被公认，有"神农尝百草之滋味，一日而遇七十毒，得茶而解之"的传说。在我国唐代著名医学家陈藏器的《本草拾遗》中有"诸药为各病之药，茶为万病之药"的记载，这就足以说明茶有一定的药理功效。随着科学技术的发展和深入研究，对茶叶的药用功效有了进一步的发现。

茶叶对人体健康的保健功效常见的有以下几种。

### 1 · 止痢作用

茶汁对某些肠道感染性疾病和慢性腹泻有一定的收敛止泻作用。可以用作某些消化道疾病的辅助治疗。

### 2 · 生津止渴作用

唐代陈藏器《本草拾遗》："止渴除疫，贵哉茶也。"茶叶中的有机酸和维生素C可促进唾液分泌。多酚化合物、氨基酸、游离糖和皂苷化合物能与口腔中的唾液产生反应，使口腔湿润，产生清凉和止渴的效果。饮茶还可调节体温，平衡和促进唾液分泌。

### 3 · 兴奋提神作用

据《茶谱》记载，饮茶可"少睡"。茶叶中的咖啡碱可刺激中枢神经系统，使大脑皮质由迟缓状态进入兴奋状态，起到驱除瞌睡、消除疲劳、增进活力、集中思维的作用。人体肌肉和脑细胞在代谢过程中产生的乳酸，可引起疲劳，当它在人体内过量存在时，会引起肌肉酸痛硬化。饮茶可使体内乳酸迅速排出体外，起到消除疲劳的作用。

### 4 · 防衰老作用

人体在代谢过程中不断消耗氧而形成的自由基使不饱和脂肪酸发生过氧化，形成丙二醛化合物，使独立的大分子聚合成脂褐素，在手、脸部皮肤上沉积，形成"老年斑"；还使脂质过氧化，从而对生物膜、动脉产生损伤，使细胞结构和功能受到破坏。过量自由基的存在是人体衰老的重要标志。茶叶中的多酚类化合物、维生素C和维生素E能与自由基形成稳定物质，缓解和阻断自由基与大分子物质的结合，抑制脂质过氧化并清除自由基，从而延缓衰老的过程。

### 5·防龋作用

宋代苏东坡《茶说》："浓茶漱口，既去烦腻，且苦能坚齿、消毒。"茶叶中富含的氟元素可置换牙齿中羟基磷灰石的羟基，使之变为氟磷灰石，增强牙釉质的硬度及对酸侵蚀的抵抗力。茶叶中的多酚类化合物对龋齿细菌有较强杀菌作用，国内外已有将茶汁或茶多酚类化合物加入牙膏中预防龋齿的产品。

### 6·利尿作用

据《茶谱》记载，饮茶"利尿道"。茶叶中的咖啡碱、茶碱、可可碱可通过抑制肾小管的再吸收，使尿中的钠离子和氯离子含量增加；并能兴奋中枢神经，直接舒张肾血管，增加肾脏的血流量，从而增加肾小球的滤过率。茶叶中的多种黄烷醇类化合物也具有利尿作用。

### 7·抗氧化作用

人体脂质过氧化作用是造成人体衰老的原因之一。茶叶中丰富的维生素C和维生素E具有很强的抗氧化活性；儿茶素类化合物具有很强的还原作用，是一类抗氧化活性更强的抗氧化剂，可明显抑制人体脂质过氧化作用，延缓人体衰老过程。

### 8·明目作用

茶叶中所含的$\beta$-胡萝卜素在人体内可转化为维生素A，具有维持上皮组织正常功能的作用，并在视网膜内与蛋白质合成视紫红质，增强视网膜的感光性。茶叶中的维生素$B_1$是维持视神经生理功能的重要物质，可预防由视神经炎而引起的视力模糊和眼睛干涩。茶叶中含量很高的维生素$B_2$是维持视网膜正常功能必不可少的活性成分，对预防角膜炎、角膜混浊和视力衰退均有效。

### 9·消口臭作用

口臭是由于取食后残留在口腔中的食物残渣，在酶和细菌的作用下形成甲基硫醇化合物所致。常用的口腔消臭剂为叶绿素铜钠盐。饮茶消除口臭的机理在于茶叶中的儿茶素类化合物：①可以清除口臭物质——甲基硫醇化合物；②可与口腔细菌作用的基质——氨基酸相结合；③可钝化口腔唾液中的酶类；④可杀死口腔中的有害细菌。具有比叶绿素铜钠盐更强的消臭效果。国内外有将茶叶中的有效组分加入口香糖用以消除口臭的产品。

### 10·消食作用

茶叶中的咖啡碱有兴奋中枢神经系统的功能，可提高胃酸分泌量，特别是对食物中的含氮化合物及蛋白质的消化过程有促进作用。咖啡碱还可以转化成腺嘌呤和鸟嘌呤等，可与磷酸、戊糖等形成核苷酸。核苷酸中的三磷酸腺苷对脂肪性食物的代谢有重要作用。

**11 · 消暑解热作用**

明代李时珍《本草纲目》记载："茶苦而寒，阴中之阴，沉也，降也，最能降火，火为百病，火降则上清矣。"传统医学理论认为体质阴虚即有热，常饮绿茶，有清火解热及消暑之功效。其机理在于茶叶中的咖啡碱、多酚类化合物、芳香物质和维生素C的综合作用。芳香物质在挥发过程中可带走部分热量，起到调节体温的作用；咖啡碱有利尿作用，通过尿液的排出使体温下降。

## 特殊人群和特殊时期的饮茶

**1 · 神经衰弱者**

对神经衰弱患者来说，不要在临睡前饮茶，而早晨和上午适当喝点淡茶，可益神清思，以补充身体所需营养，调节肠胃，切记不可空腹饮茶。

**2 · 脾胃虚寒者**

脾胃虚寒者不宜饮浓茶，少喝茶性寒凉的绿茶、新白茶。适宜饮用性温的茶类，如全发酵红茶、后发酵普洱茶、老白茶等。

**3 · 肥胖症者**

对于有肥胖症的人来说，适量喝茶有助于消化减肥，但每个人的身体状况不同，应根据不同体质喝茶。茶叶中咖啡碱、黄烷醇类、维生素类等化合物，能促进脂肪氧化，除去人体内多余的脂肪。据实践经验，喝乌龙茶、普洱茶更有利于降脂减肥。

**4 · 处于"三期"的妇女**

处于"三期"（经期、孕期、产期）的妇女最好不饮茶、少饮茶，或只饮淡茶、脱咖啡因茶等。茶叶中的茶多酚对铁离子会产生络合作用，使铁离子失去活性，这会使处于"三期"的妇女易引起贫血症。茶叶中含有的咖啡因对神经和心血管都有一定的刺激作用，这对处于"三期"的妇女本人身体的恢复以及对婴儿的生长都有不良影响。

**5 · 儿童**

儿童以防龋齿为目的，可适当饮茶，但不要饮浓茶，也不要在晚上饮茶。饭后提倡用茶水漱口，这样对清洁口腔和防止龋齿有很好的效果。用于漱口的茶水可浓一些。

## ◀ 饮茶小贴士 ▶

喝茶要看体质——中医认为人的体质有燥热、虚寒之别，而茶叶经过不同的制作工艺也有凉性及温性之分，绿茶是凉性的茶，所以体质寒凉的人即使在夏天也不宜多喝。

喝茶要看时间——空腹喝茶可稀释胃液，降低消化功能，加之吸收率高，致使茶叶中的不良成分大量入血，引发头晕、心慌、手脚无力等症状。饭后马上喝茶会影响食物的消化吸收，加重肠胃、肝脏的负担。

正确的方法是至少餐后0.5～1小时后再喝茶。这个时候胃里的食物消化得差不多，喝些茶可以解油腻、舒肠胃。

# 第四章
# 茶的冲泡技法

## 泡茶用水与茶的冲泡

### 一·泡茶用水

#### 1·水源

泡茶用水的选择，对于冲泡一壶好茶来说，是一个至关重要的因素。在唐代后期苏廙撰写的茶书《十六汤品》中就提到："水为茶之母，器为茶之父""汤者，茶之司命"。可见，从古至今，茶人对泡茶用水的水源选择、煮水的火候等都有严格的要求。在古代茶书中，还有很多是专门论述泡茶用水的，如唐代张又新的《煎茶水记》、北宋欧阳修的《大明水记》、明代田艺蘅的《煮泉小品》等。

古人有"品茶先品水"的说法，在唐代陆羽的《茶经·五之煮》中就有"山水上，江水中，井水下"。对水的类型进行了品质比较。中国各地都有适宜烹茶的名泉，是上乘的泡茶用水；其次是空气洁净时下的雨水和雪水；再次是未受污染的江水、湖水、井水。城市自来水含有较多的氯气，有损茶味，最好贮入缸桶一两天，待氯气散逸后再用。

### 2 · 水质

泡茶用水首先要符合《生活饮用水卫生标准》（GB 5749—2022）。目前生活中常用的自来水，有硬水和软水之分。我国有些地区的自来水是抽取地下水，这些水中的钙、镁等金属离子含量比较高，硬度较大。水中若含有碳酸氢钙、碳酸氢镁等物质，煮沸后会生成不溶性的沉淀物即水垢，这时候的硬水就变成了软水，可以用来泡茶。

泡茶用水的酸碱度（pH）对茶汤色泽有很大影响，茶水的pH为5.5～6.3。通过实验证明：当pH为7～9时，绿茶的茶汤呈现橙红色，pH为9～11时茶汤呈现暗红色，pH大于11时茶汤呈现暗褐色。

### 3 · 煮水

在泡茶之前，还有一个重要的步骤，那就是煮水。在《茶经》中，陆羽将"煮茶"和"饮茶"分别列为两章，可见煮水之重要。在唐代煮茶时，需听声看水，在《茶经·五之煮》中记载："其沸，如鱼目，微有声，为一沸；缘边如涌泉连珠，为二沸；腾波鼓浪，为三沸。"陆羽认为三沸水"已老"和"不可用"。对煮水的火候的控制是唐代煮茶的难点，因此，陆羽又在《茶经·六之饮》中指出"茶有九难"，其中"二难"就是"水"与"火"，这两者是最难控制的。

在唐代，茶叶的冲泡方式是煮茶，因此，煮水即煮茶。到了宋代，以点茶为主，因此，煮水又称为"候汤"，候汤的茶器是"汤瓶"。在宋代蔡襄的《茶录》"候汤"一节中，第一句便是"候汤最难"，过熟或未熟都不可。

关于烧水煮茶的火，古人还有一个说法："活火"。唐代赵璘在《因话录·商上》里写道"（李）约天性唯嗜茶，能自煎。谓人曰'茶须缓火炙，活火煎'。活火谓炭火之焰者也。"也就是说烤茶的时候用的是缓火，缓火就是文火，没有火焰的炭火；而煎煮茶的时候用的是活火，活火就是有火焰的炭火。到了宋代，苏轼写了一首诗《汲江煎茶》，里面有两句"活水还须活火烹，自临钓石取深清。"这里也提到了活火。可以看出，在唐宋时期，煎茶用活火烹活水，是茶人的共识了。

那什么是"活火烹活水"，明代的朱权在《茶谱》中写道"用炭之有焰者，谓之活火。当使汤无妄沸。初如鱼眼散布，中如泉涌连珠，终则腾波鼓浪，水气全消。此三沸之法，非活火不能成也。""活火烹活水"就是指用有火焰无烟的炭煮流动的泉水或江水。

"烟气入汤，汤必无用"。明朝许次纾《茶疏》提出泡茶之水要以猛火急煮。煮水应选坚木炭，切忌用木性未尽尚有余烟的炭，煮水时，先烧红木炭，"既红之后，乃授水器，仍急扇之，愈速愈妙，毋令停手。停过之汤，宁弃而再烹。"

## 二·茶的冲泡

茶叶中的化学成分是组成茶叶色、香、味的物质基础。多数能在冲泡过程中溶解于水，从而形成了茶汤的色泽、香气和滋味。泡茶时，应根据不同茶类的特点，采用适合的水温、冲泡时间和投茶量，从而使茶的香味、色泽、滋味得以充分地发挥。因此说，泡好一壶茶要掌握基本的三要素：投茶量、泡茶水温、冲泡时间。

### 1 · 投茶量

投茶量为泡茶三要素（用量、水温、冲泡时间和次数）之首。茶叶种类繁多，泡茶时茶叶用量各异。冲泡一般用红、绿茶，茶与水的比例大致掌握在1∶50或1∶60，即每杯放3克左右茶叶，加沸水150~200毫升，普洱茶（新茶、老茶、熟茶）茶水比例大致掌握在1∶16~1∶20。

### 2 · 泡茶水温

泡茶水温的掌握因茶而定。高级绿茶，特别是芽叶细嫩的名优绿茶，一般用80℃左右的水冲泡。水温太高容易破坏茶中的维生素C，咖啡因容易析出，致使茶汤变黄，滋味较苦。饮泡各种花茶、红茶、中低档绿茶，则要用90~100℃的沸水冲泡，若水温低，茶叶中有效成分析出少，茶叶味淡。冲泡青茶、紧压茶、粗老茶叶等，则必须用100℃的沸水冲泡。

投茶

冲泡

### 3 · 冲泡时间

茶的滋味是随着时间延长而逐渐增浓的。一般来说，凡原料较细嫩、茶叶松散的，冲泡时间可相对缩短；相反，原料较粗老、茶叶紧实的，冲泡时间可相对延长。

出汤

## 饮茶方法

中国的饮茶法共有两大类四小类，两大类是煮茶法和泡茶法。自汉至唐，饮茶以煮茶法为主，自五代至清，饮茶以泡茶法为主。四小类是从煮茶法中分解出煎茶法，从泡茶法中分解出点茶法。煮、煎、点、泡四类饮茶法各擅风流，汉魏六朝尚煮茶法，隋唐尚煎茶法，五代宋尚点茶法，元明清尚泡茶法。如从茶的用料来看，则有纯用茶叶的清饮，又有加以其他原料的调饮。

茶叶的冲泡，必须备具、备茶、备水，经沸水冲泡后才能饮用。但要把茶叶固有的色、香、味通过冲泡充分发挥出来，冲泡得好，也不是件容易的事，要根据茶的不同特性，运用不同的冲泡技艺和方法才能达到。

下面介绍三种主要的饮茶方法。

### 1·煎茶法

煎茶法是直接将茶放在釜中熟煮，这是我国唐代最普遍的饮茶法。陆羽在《茶经》中已详加介绍其过程。大体说，首先要将饼茶碾碎待用，然后开始煮水。以精选佳水置釜中，以炭火烧开，但不能全沸，加入茶末。茶与水交融，二沸时出现沫饽，沫为细小茶花，饽为大花，皆为茶之精华。此时将沫舀出，置熟盂之中，以备用。继续烧煮，茶与水进一步融合，波滚浪涌，称为三沸。此时将二沸时盛出之沫饽倒入，视人数多寡而严格量入。茶汤煮好，均匀地斟入各人碗中，包含雨露均施、同分甘苦之意。

### 2·点茶法

点茶法始于宋代，斗茶及茶人自饮时均用。到宋代不再直接将茶熟煮，而是先将饼茶碾碎，置碗中待用。以釜烧水，微沸初漾时即冲点碗内茶末，使茶与水交融一体，为此，人们发明一种工具，称为"茶筅"。茶筅是打茶的工具，有金、银、铁制，大部分用竹制，文人美其名曰"搅茶公子"。水冲入茶碗中，需以茶筅用力击打，这时水乳交融，渐起沫饽，如堆云积雪。茶的优劣，以惊沫出现是否快，水纹露出是否慢来评定。沫饽洁白，水脚晚露而不散者为上。因茶沫融合，汤汁浓稠，饮用时在盏中胶着不干，称为"咬盏"。

### 3·泡茶法

明清以来，此法为民间广泛使用，自然为人熟知。不过，中国各地泡茶之法也大有区别。由于现代茶的品种五彩缤纷，红茶、绿茶、花茶，冲泡方法皆不尽相同。大体说，以发茶味、显其色、不失其香为要旨，浓淡也随个人所好。

泡茶不可墨守成规，以为只有繁器古法为美。但无论如何变，总要不失茶的要义，即健康、友信、美韵。当代生活节奏不断变化，饮茶之法也该越变越合理。古法不易大众化，但对现代工业社会过于紧张的生活，却是一种很好的调节。所以，发掘古代茶艺，使再现异彩，也是极重要的工作。据说福州茶艺馆已恢复斗茶法，使沫饽重华再现，实在是一雅举。

谈饮法，不仅讲如何烹制茶汤，还要讲如何"分茶"。唐代以釜煮茶汤，汤熟后以瓢分茶，通常一釜之茶分五碗，分时沫烟要均。宋代用点茶法，可以一碗一碗地点；也可以用大汤钵，大茶笔，一次点就，然后分茶，分茶准则同于唐代。明清以后，直接冲泡为多，壶成为首要茶具。自泡自吃的小壶较少，多为能斟四五碗的茶壶，所以，这种壶称作"茶娘式"，而茶杯又称"茶子"。五杯至十几杯巡注几周不停不洒，民间称为"关公巡城"。技术稍差难以环注的也要巡杯，但需一点一提，几次才均匀茶汤于各碗，谓之"韩信点兵"。

# 广州河南茶艺——平衡沏茶法

茶艺

/

伍拾陆

中国悠久的茶文化历史，在每个阶段都有不同的诠释，形成不同的饮茶习俗：鲜叶咀嚼、与粥共煮、茶水相煎、瓢饮茶汤、水末相融、茶水同饮等。而伴随饮茶习俗演变的，则是茶道文化的日臻丰富，或由简至繁，或由繁至简。

随着人类文明的发展、生活水平的提高，在现代生活中，健康饮茶已不仅仅是一种生活新风尚，更是对中华传统文化的一种传承。岭南茶文化的代表——广州河南茶艺，是流传于古称"番禺河南"的广州市海珠区的一种茶叶冲泡技艺，也是融合了海珠区自然环境和民俗民风的一种广府茶文化，从清代康熙年间流传至今已有三百多年的历史，是非常宝贵的非物质文化遗产。广州河南茶艺能使茶叶茶香充分入水，汤感绵滑细腻，真正让饮茶人闻到清美茶香。茶艺中还需运用传统礼仪，分别有：鞠躬礼、伸掌礼、叩手礼、奉茶礼、寓意礼，来体现中华传统仪德风貌。广州茶艺第四代非遗传承人翁惠璇，自小随母研习茶艺，通过二十余年如一日地勤于茶学研习、复古纳新，将广州河南茶艺不断总结、丰富、完善，总结了一套融合养生理念与科学沏茶的泡茶技艺——平衡沏茶法，使广州茶艺形成体系，并勤力推广，受到茶行业从业者的一致好评。

平衡沏茶法结合阴阳平衡的理念。阴阳之说最早来自《易经》，《周易》有"一阴一阳之谓道"的说法，认为世间万物皆遵循阴阳之道，如天地、日月、昼夜、寒暑、男女等。因为宇宙万物遵循阴阳之道，所以才能绵延不绝、生生不息。而阴阳平衡，也成为《易经》倡导的极致追求。阴阳平衡的观点，以和谐共生为目标，更是成为人们处理大小事务、关系的终极标准。

平衡沏茶法通过双手平衡使用，挖掘泡茶人的头脑潜力，激发平衡能力，主要体现在以下三点：

① 身体平衡——可调节泡茶人的不良坐姿，同时，泡茶人双手作舞，或呈一唱一和之式，或现高低错落之势，从容和谐、美不胜收，不但能达到养生的效果，而且为饮茶人增添了美学欣赏的感受。

② 茶汤平衡——此技法能使茶汤平衡，茶香入水，汤感更加绵滑细腻，真正让饮茶人闻到清美茶香，品尽个中滋味。

③ 茶席平衡——茶席摆放合理，使泡茶人左右取用方便，沏茶过程动作流畅，茶席和谐、平衡。

## 平衡沏茶法核心技艺（含工夫拾法）

### 1·净手入席

以纯净之心净手入席，净手净心，去杂存精，希望能在日后的习茶中心无旁骛。泡茶之前先净手是卫生的体现，也是对茶及饮茶人的尊重。

### 2·列器备茶

陆羽《茶经·四之器》记录唐代当时煎茶时所用的器皿，在煎茶前准备相应的器皿，突显了泡茶之前器具的准备极其重要，缺一不可。摆放的位置不恰当，也影响主泡人发挥。行茶中动作不规范或者不自然也影响饮茶人的美学享受。

广州茶艺，从清代康熙年间流传至今已有三百多年的历史，是非常宝贵的非物质文化遗产。平衡沏茶法中茶席布置讲究一个中心、两个边界、三条直线的原则。

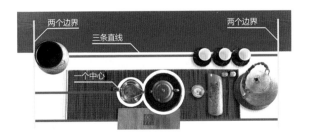

一个中心是指主泡器（盖碗、紫砂壶等）、公道杯在整个茶席的中间部分。两个边界是指泡茶时右手边界放煮水器，左手边界则是水盂，左右各成两个边界。第一条直线为水盂与品茗杯；第二条直线为公道杯、主泡器、壶承、盖置、茶荷、搁置架、茶扦、煮水器；第三条直线为茶巾。

### 3·煮水候汤

茶滋于水，水借乎于器，汤成与火，四者相顾，缺一则废。

煮水候汤分为三个部分：

（1）选水　陆羽《茶经·五之煮》中记载，认为煎茶的水是"山水上，江水中，井水下"。意为煎茶用的水最好是泉水，江水次之，最次为井水。

（2）选火　好水须好火，煮水时应选坚木炭，忌用有杂味木炭，煮水时先烧红木炭，再煮水。明朝许次纾《茶疏》中记载"烟气入汤，汤必无用"。

（3）煮水　煮水是泡好一杯好茶的基础，苏轼《汲江煎茶》记载"活水还须活火烹，自临钓石取深清。"

### 4·烫壶温杯

由古至今，从唐代煎茶，宋代点茶；唐代烫杯，宋代烫盏、泡茶之前都需温器。

平衡沏茶法第四法"烫壶温杯"分为两个部分。

（1）**三才碗** 右手拿起茶扦在6点钟位置，左手轻轻拨开碗盖，慢慢顺着逆时针在12点方向抽出茶扦，提壶在碗口4点钟位置以逆时针方向环绕一圈，在主泡器中心点收水。同样右手拿起茶签在6点钟位置，左手用大拇指在12点钟位置轻顶盖碗边沿，同时逆时针方向盖回碗盖，双手平衡同时缓缓翻动，不仅里外润透、提升茶香、去除杂味，且动作优雅自然。

（2）**壶（紫砂壶、陶壶）** 打开壶盖，在壶口4点钟位置，以逆时针方向环绕一圈，在主泡器中心点收水，盖上壶盖淋壶，沸水温润器身内外，更利于醒茶，去除杂味，促进茶香的挥发。

### 5·烘茶冲点

唐代赵璘在《因话录·商上》中记载"茶须缓火炙，活火煎"。"活火谓炭火之焰者也。"也就是说烤茶的时候用的是缓火，缓火就是文火，没有火焰的炭火；而煎煮茶的时候用的是活火，活火就是有火焰的炭火。

在唐宋时期，炙茶已成为一种泡茶之前的重要程序，唐代煎茶，先炙，就是先烤（祛味、提香）。其实，在唐代喝陈茶时才会炙烤，烤完之后碾碎再煎。宋人蔡襄《茶录》云："茶或经年，则香、色、味皆陈。于净器中以沸汤渍之，刮去膏油一两重乃止，以钤箝之，微火炙干，然后碎碾。若当年新茶，则不用此说。"即先将饼茶置于陶制器具中，以沸水渍之，去其灰尘，然后用钳取出，放在微火上烤干，再碾碎后方饮用。炙茶既可以清洁茶饼，也能还原茶香，更便于碾茶。

平衡沏茶法第五法"烘茶冲点"延续古人智慧，干茶焙完火后，投放在主泡器中祛除杂味，利用里热外热的原理唤醒茶香，闻干茶香，辨别茶叶优劣。

**6 · 清泉出宫**

六大茶类冲泡时均在4点钟位置执壶注水能更好地控制水柱的大小，并使泡茶过程产生美感。

### 冲泡绿茶

—

**茶水比例：** 1：50（杯）或1：25（盖碗）

**冲泡水温：** 80℃

**执壶高度：** 10厘米

**水柱直径：** 5毫米

绿茶属不发酵茶类，特殊三绿品质特征，低温冲泡保持三绿特征且茶汤更鲜爽。

### 冲泡黄茶

—

**茶水比例：** 1：50（杯）或1：25（盖碗）

**冲泡水温：** 80～100℃

**执壶高度：** 5厘米

**水柱直径：** 5毫米～1厘米

黄茶属轻发酵茶，有不同等级之分，不同生长环境之分，内含物质不同之分，对水温的要求与注水水柱直径也略有差别。

### 冲泡黑茶

—

**茶水比例：** 1：18

**冲泡水温：** 100℃

**执壶高度：** 5厘米

**水柱直径：** 1厘米

黑茶属后发酵茶，有等级之分，新茶老茶之分，缓缓注水有利于茶汤香醇。

### 冲泡白茶

—

**茶水比例：** 1：25

**冲泡水温：** 80～100℃

**执壶高度：** 5厘米

**水柱直径：** 5毫米～1厘米

白茶属轻发酵茶，有不同等级之分，不同年份之分，故注水水柱直径也略有差别。

### 冲泡红茶

—

**茶水比例：** 1：25

**冲泡水温：** 80～100℃

**执壶高度：** 5厘米

**水柱直径：** 5毫米～1厘米

红茶属全发酵茶，有不同产区之分，不同生态环境之分，不同生长树龄之分，注水水柱直径也略有差别。

### 冲泡青茶（乌龙茶）

—

**茶水比例：** 1：15

**冲泡水温：** 100℃

**执壶高度：** 5～10厘米

**水柱直径：** 1厘米

青茶属半发酵茶，香气高扬，执壶由5厘米至提壶10厘米悬壶高冲，由低至高的注水方式更能展现青茶独特的风韵。

### 7 · 刮顶淋眉

高冲时壶面会起一层白色茶皂素，茶皂素又名茶皂苷，茶皂素是由茶树种子（茶籽、茶叶籽）中提取出来的一类糖苷化合物，具有苦辛辣味，具有消毒、镇痛的功效，用壶盖刮顶并用开水淋壶，降低茶汤苦味，使茶香发挥得更好。

### 8 · 平衡出汤

不同茶类、不同茶性，泡茶的注水方式、水温选择会有不同，但是对出汤质量的衡量标准只有一个，那就是要保证香气不飘散、茶香能入水。要让茶香入水，出汤的方式尤为重要。因茶叶香气是挥发性的，研究证明，迄今为止，已分离鉴定的茶叶芳香物质约有700种，它们有的是红茶与绿茶鲜叶共有的，有的是各自独具的，有的是在鲜叶生长过程中合成的，有的则是在茶叶加工过程中形成的。一般而言，茶鲜叶中含有的香气物质种类较少，大约80种，绿茶中有260余种，红茶则有400种，但体现出来的香气却很容易在空气中挥发，如果在出汤时没有把握好，则会出现汤薄香淡的情况。如高冲出汤，茶汤的细腻度会下降，香气则随高冲出汤而分解，从茶香的角度，茶汤自然就变得寡淡了。

右手拿主泡器轻放在洁方（茶巾）右边，左手拿起公道杯放在洁方左边，沿着公道杯低处出汤，此沏茶技法右手与左手平衡协作，茶汤展现出细腻香滑的特性，可呈现出各类茶叶最好的滋味和香气。

**9·敬奉香茗**

中国古代先贤在弘扬礼德时认为，人与人之间的敬让，正是知礼守礼的表现。礼作为中华民族的传统美德，其主要功用与价值在于"和"。在日常生活中，人与人之间应该相互尊重，对人以恭敬，自身以庄重，这样才能得以尊重；心中怀有恭敬之情，行之以恭敬之礼，与人相处应有无人不如己的谦虚心态，这种内在素质和外在风度统一，才是理想人格的风范。《后汉书·梁鸿传》记载，梁鸿选朴素的孟光为妻，两人共同劳动，互助互爱，孟光每次为梁鸿做好饭菜都是毕恭毕敬双手奉给他食用，堪称典范。后人也将这个典故誉为"举案齐眉"。

将中国传统礼仪融入茶道中，例如"举案齐眉"敬茶礼，集中体现了中华传统仪德风貌。

**10·品香审韵**

先闻香，后品茗。一杯茶的品质高低，通过三嗅一品来辨别，茶汤的香气分为三嗅：热嗅、温嗅、冷嗅。热嗅闻的是茶汤中是否有异杂味。温嗅闻的是茶汤中香气是否高扬，当茶汤冷却至55～65℃时，将杯中茶放入口中细细品饮，茶汤包裹整个口腔，再慢慢吞下，感受茶汤的香甜滑嫩甘。冷嗅，此时空杯细闻冷香，辨别空杯挂杯香是否持久细腻。

品茶最高境界，即是五品，眼品、鼻品、口品、耳品、心品。

当然，平衡沏茶法，讲的只是泡茶技法。真正要泡好一杯茶，除了技法，更重要的是要真正领悟泡茶之道——泡的是茶，用的是心。泡茶之人要学会技法，更要先学会调息：息调则心定、心定致心静，心息相依，才能心随茶香，注水、出汤如行云流水，所泡之茶自然清醇有致，让饮茶之人回味无穷。

平衡沏茶法

叁

六大
茶类

# 绿茶

第一章

## 绿茶的概述

绿茶是六大茶类之一，属不发酵茶类，因特殊的高温杀青及干燥工艺形成"三绿"的品质特征。中国产茶省（区）均产绿茶，产量较多者为浙江、安徽、江西、江苏、湖北和贵州等省。中国绿茶产量占全国茶叶总产量的一半以上，是主要的出口茶类，供出口的绿茶主要有眉茶、珠茶、煎茶和特种绿茶，其数量占世界绿茶贸易量的70%以上。

### 一·绿茶的历史文化

绿茶的工艺形成于唐朝，绿茶是中国历史上最早的茶类。绿茶最早起源于巴地（今川北、陕南一带），据《华阳国志》记载，当年周武王伐纣时，巴人为犒劳周武王军队，曾"献茶"。由此可以认定，不晚于西周时代，川北的巴人就已开始在园中人工栽培茶叶。

从以上文字记载来看，蒙顶山是我国历史上有文字记载的人工种植茶叶最早的地方。从现存世界上关于茶叶最早记载的王褒《僮约》和吴理真在蒙山种植茶树的传说，也可以证明四川蒙顶山是茶树种植和茶叶制造的起源地。

## 二·绿茶的品质特征

| 绿茶 | | | |
|---|---|---|---|
| 发酵程度 | | 不发酵 | |
| 工艺 | | 杀青—揉捻—干燥 | |
| 原料 | | 嫩芽、嫩叶、芽、一芽二叶初展、一芽二三叶 | |
| 色泽 | 色调 | 嫩绿、翠绿、乌绿、黄绿 | |
| | 光泽 | 润、起霜 | |
| 形状 | 条形茶 | 显毫、锋苗、条索紧结 | |
| | 珠形茶 | 细圆、圆紧 | |
| 香气 | 细嫩绿茶 | 鲜嫩、清高、清香、栗香 | |
| | 普通绿茶 | 炒焙香、栗香 | |
| 汤色 | 细嫩绿茶 | 嫩绿、绿艳、黄绿 | |
| | 普通绿茶 | 黄绿、绿黄 | |
| 滋味 | | 鲜浓、浓厚、醇厚、浓醇、醇和、回甘 | |
| 叶底 | 叶质 | 细嫩、柔软、嫩匀、肥厚 | |
| | 色泽亮度 | 嫩绿、绿黄、黄绿 | |
| 性质 | | 茶性寒凉 | |

# 三 · 绿茶的采摘时间

绿茶一般都是在春季开始采摘，具体的采摘时间要根据纬度、光照、海拔、茶树树龄来区分。

海南的春茶采摘基本在前一年的11月、12月就已经开始，上市时间也比一般的春茶要提早两三个月。西南茶区的春茶在2月份基本已经全面开采，而江南茶区有少量的春茶是2月开始，大面积开采是从3月开始。

**部分绿茶采摘时间表**

| 地区 | | 茶叶名称 | | 采摘时间 |
|------|---|----------|---|----------|
| 海南 | …… | 白沙绿茶 | …… | 前一年的11月，12月 |
| 海南 | …… | 五指山绿茶 | …… | 前一年的12月 |
| 贵州 | …… | 普安茶 | …… | 1月中旬 |
| 四川 | …… | 竹叶青 | …… | 2月上旬 |
| 四川 | …… | 蒙顶山茶 | …… | 2月中下旬 |
| 四川 | …… | 峨眉雪芽 | …… | 3月中旬 |
| 贵州 | …… | 都匀毛尖 | …… | 3月上旬 |
| 湖南 | …… | 安化松针 | …… | 2月下旬 |
| 湖南 | …… | 古丈毛尖 | …… | 3月中上旬 |
| 湖北 | …… | 恩施玉露 | …… | 2月中旬 |
| 浙江 | …… | 温州永嘉乌牛早 | …… | 2月初 |
| 浙江 | …… | 安吉白茶 | …… | 3月下旬 |
| 浙江 | …… | 西湖龙井茶 | …… | 3月底，4月初 |
| 江苏 | …… | 阳羡雪芽 | …… | 2月底 |
| 江苏 | …… | 碧螺春 | …… | 3月中下旬 |
| 安徽 | …… | 黄山毛峰 | …… | 3月下旬，4月上旬 |
| 安徽 | …… | 太平猴魁 | …… | 4月中下旬 |
| 河南 | …… | 信阳毛尖 | …… | 3月中下旬 |

## 四 · 绿茶的功效

绿茶的茶性寒凉，属于不发酵茶，适合春天与夏天饮用。绿茶中含有大量维生素C和氨基酸，不但能促进大脑功能，增强人体免疫机能，抗氧化活性物质也是蔬菜和水果的数倍，有助于延缓衰老。

茶叶中的茶氨酸几乎是茶叶独有，饮用时通过肠道吸收能迅速进入血液，输送到各个组织器官，具有特殊的保健功效，能增加脑中$\alpha$波的强度、降血压、预防血管性老年痴呆症，茶叶中的维生素$B_5$可以预防皮肤炎症。

绿茶中的茶多酚有很强的收敛作用，能够消炎抗菌，对病原菌、病毒有明显的抑制和杀灭作用。茶叶中多酚类化合物对预防龋齿有一定效果。

## 五 · 绿茶的储存

绿茶储存的环境一般要求低氧、低温冷藏，低湿和避光。

绿茶因叶绿素a极易受温度的影响而流失，失去绿茶"三绿"的品质特征，所以绿茶需要在0～5℃内冷藏，应新鲜品饮。

## 绿茶的制作工艺

绿茶的初制工艺包含杀青、揉捻和干燥三大工序。

### 一 · 杀青

杀青是绿茶初制的第一道工序，其目的是利用高温破坏酶活性，防止多酚类物质的酶促氧化；除去青草气，并发生一定的热化学变化，为茶叶品质的形成奠定基础；蒸发部分水分，使叶质软化，便于塑造美观的外形。杀青分手工杀青和机械杀青。影响杀青质量的因素主要是温度、时间、投叶量和机具。

## 二 · 揉捻

揉捻是指在人力或机械力的作用下，使叶子卷成条并破坏叶组织的作业。揉捻是绿茶成形的重要工序，其作用是初步造型和使茶汁附于叶表，促进叶子内含物的化学变化。揉捻的目的是塑造绿茶外形及提高成茶滋味浓度。揉捻可以分为手工揉捻和机器揉捻。

## 三 · 干燥

干燥是散发多余的水分，破坏酶活性，抑制酶促氧化，促进茶叶内含物发生热化学反应，提高茶叶香气和滋味，定型的过程。这是茶叶初制的最后一道工序，精制后也要进行干燥。干燥的温度、投叶量、时间、操作方法，是保证产品质量的技术指标。

绿茶的干燥方法，有烘干、炒干和晒干三种。绿茶的干燥工序，一般先经过烘干，然后再进行炒干。因揉捻后的茶叶含水量仍很高，如果直接炒干，会在炒干机的锅内很快结成团块，茶汁易黏结锅壁。故此，茶叶需先进行烘干，使含水量降低至符合锅炒的要求。

# 绿茶的分类

　　绿茶是我国产销量最大的茶类，因其特殊的工艺形成"清汤绿叶，香高味鲜"的品质特征。根据杀青及干燥工艺的不同，绿茶可分为四大类，即蒸青绿茶、炒青绿茶、烘青绿茶、晒青绿茶。据杀青工艺不同，有热蒸汽杀青和加热杀青两种，以蒸汽杀青制成的绿茶称"蒸青"，利用高温蒸汽的方式，快速破坏茶叶中酶的活性，将叶绿素保留下来；以加热杀青制成的绿茶称"炒青"，利用炒锅高温杀青，钝化酶的活性，并进行茶叶塑形，形成绿茶"三绿"的品质特征。依干燥方式不同，有烘干和晒干之别，烘干的绿茶称"烘青"，通过烘干机将茶叶的水分烘干，适合做窨制花茶；晒干的绿茶称"晒青"，通过自然光照把茶叶的水分晒干。

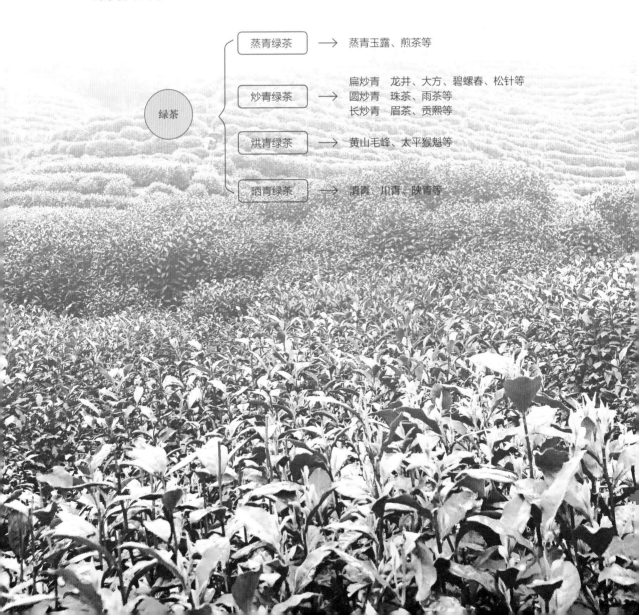

蒸青绿茶 → 蒸青玉露、煎茶等

炒青绿茶 →
扁炒青　龙井、大方、碧螺春、松针等
圆炒青　珠茶、雨茶等
长炒青　眉茶、贡熙等

绿茶

烘青绿茶 → 黄山毛峰、太平猴魁等

晒青绿茶 → 滇青、川青、陕青等

## 一 · 蒸青绿茶

蒸青绿茶也称"蒸青"。鲜叶经高温蒸汽杀青、揉捻、干燥而制成的绿茶。蒸青绿茶是中国古代最早制成的茶类。唐代陆羽《茶经》记述了当时的制法："蒸之，捣之，拍之，烘之，穿之，封之，茶之干矣。"蒸青绿茶常有"色绿、汤绿、叶绿"的三绿特点。蒸青绿茶主要在浙江、湖北、江苏等地生产，主要品类有恩施玉露等。

### ◀ 恩施玉露 ▶

恩施玉露曾称"玉绿"，也称"玉露茶"，是产于湖北恩施五峰山一带的针形蒸青绿茶。始制于清康熙年间。当时恩施芭蕉、黄连溪有一蓝姓茶商，垒灶研制，其焙茶灶与今日之玉露茶焙炉相似。采摘细嫩的一芽一二叶，经蒸青、扇干水汽、铲头毛火、揉捻（回转和对揉）、铲二毛火、整形上光、烘焙和拣选制成。分特级、一至五级。条索紧圆、光滑、纤细挺直如松针，苍翠绿润，如鲜绿豆，汤色嫩绿明亮、清香，滋味醇爽，叶底嫩绿匀整。

恩施玉露

## 二 · 炒青绿茶

炒青绿茶在唐代刘禹锡的《西山兰若试茶歌》、明代张源的《茶录》、许次纾的《茶疏》、罗廪的《茶解》中都有炒青制茶的记载。其干燥方式以炒为主，可分为手工制作（锅炒）与机械制作（滚筒）。根据成品茶形状又可分为：长炒青、圆炒青、扁炒青等。长炒青形似眉毛，又称为眉茶，条索紧结，色泽绿润，香高持久，滋味浓醇，汤色、叶底黄绿明亮；圆炒青主要有珠茶、涌溪火青和泉岗辉白，珠毛茶精制后正品称为珠茶、条形的称为雨茶。圆炒青外形颗粒细圆紧结，色泽乌绿油润，汤色黄绿明亮，香高持久，滋味浓厚，叶底黄绿明亮；扁炒青又称为扁形茶，具有扁平挺直、鲜嫩馥郁的特点。

炒青绿茶是我国产量最大的绿茶，产区主要分布在安徽、浙江、江西、湖南、广东、贵州、四川等地，眉茶、珠茶、龙井茶、六安瓜片等为著名品种。

### 1 · 洞庭碧螺春

洞庭碧螺春也称"吓煞人香"，是产于江苏苏州吴中洞庭东西山一带的螺形炒青

绿茶。唐代陆羽《茶经·八之出》载有"苏州长洲县生洞庭山"。宋代朱长文《吴郡图经续》："洞庭山出美茶，旧入为贡……"。洞庭小青山坞水月寺即唐代贡茶院遗址，今尚存有一断石碑，上刻宋代诗人苏子美诗："万株松覆青云坞，千树梨开白云园，无碍泉青夸绝品，小青茶熟占魁元。"至清康熙年间洞庭茶遂演化成碧螺，清代王应奎《柳南续笔》："洞庭东山

碧螺春

碧螺峰石壁，产野茶数株，每岁土人持竹筐采归，……历数十年如是，未见其异也。其茶异香，土人呼吓煞人香。"清康熙三十八年（1699）驾幸太湖，抚臣宋荦购此茶以进，上以其名不雅，题之曰"碧螺春"，自此，地方大吏岁必采办进奉。春分至谷雨时节，采摘一芽一叶初展，经摊青、杀青、炒揉、搓团、焙干制成，每500克干茶有芽叶6万多个，分一至七级，条索纤细，卷曲成螺，茸毫密披，银绿隐翠，清香文雅，滋味鲜醇，汤绿清明，叶底柔嫩，素有一嫩三鲜（色鲜、香鲜、味鲜）之称。

### 2 · 龙井茶

　　龙井茶是一类扁形炒青绿茶。明代高濂《遵生八笺》："如杭之龙泓茶，真者天池不能及也，山中仅有一二家炒法甚精。"最早的龙井茶系指狮峰山下老龙井周围茶地所产，后来逐渐扩大，泛指西湖山区所产的西湖龙井茶。20世纪70年代以来，随着龙井茶采制技术的传播，浙江省其他产茶区，乃至全国很多茶区，凡运用西湖龙井茶的采制技术制作成的高档扁形炒青绿茶均称"龙井茶"，或在"龙井茶"前冠以地方名，如浙江嵊州龙井、富阳龙井、萧山龙井、新昌龙井、海南金鼎龙井、台湾海山龙井等。

　　其中西湖龙井是产于浙江杭州西湖区一带的扁形炒青绿茶。杭州西湖山区产茶历史悠

久，唐代陆羽《茶经》中载天竺、灵隐二寺产茶。北宋时，下天竺产的"香林茶"、上天竺产的"白云茶"、葛岭宝云山产的"宝云茶"已列为贡品。明《嘉靖通志》："杭郡诸茶总不及龙井所产，而雨前取一旗一枪，尤为珍品。"明代高濂《四时幽赏录》："西湖之泉，以虎跑为最。两山之茶，以龙井为佳。"以细嫩的一芽一二叶为原料，经摊放、青锅、摊凉和辉锅制成。炒制手法有抖、搭、拓、

西湖龙井

捺、甩、推、扣、压、磨等十多种，随炒制过程变化运用。色泽翠绿，扁平光滑，形似"碗钉"，汤色碧绿明亮，清香，滋味甘醇。历史上因产地和炒制技术的不同有狮（狮峰）、龙（龙井）、云（五云山）、虎（虎跑）、梅（梅家坞）等字号之别，其中以"狮峰龙井"为最佳。

## 三 · 烘青绿茶

烘青绿茶也称"烘青"，是采用烘焙方式进行干燥制成的绿茶。中国各产茶省均有生产。烘青绿茶分普通烘青和特种烘青两类。普通烘青毛茶经精制后称"茶坯"，为窨制花茶原料。特种烘青主要为毛峰类名茶，原料细嫩，如黄山毛峰、太平猴魁等。烘青绿茶与炒青绿茶相比，条索松，白毫显露，色泽绿润，清香，滋味鲜爽。

### 1 · 黄山毛峰

黄山毛峰是产于安徽黄山市黄山风景区和毗邻的汤口、充川、岗村、芳村、杨村、长潭一带的条形烘青绿茶。明代许次纾《茶疏》记载："天下名山，必产灵草。江南地暖，故独宜茶。……若歙之松萝、吴之虎丘、钱塘之龙井，香气浓郁，并可雁行，与岕颉颃。往郭次甫亟称黄山……"。《徽州府志》："黄山产茶始于宋之嘉祐，兴于明之隆庆。"

黄山毛峰

明代歙县已盛产毛峰、烘青，黄山云雾茶即属毛峰、烘青类。《徽州商会资料》载，清代光绪年间"谢裕泰"茶行于黄山汤口、漕溪充川一带，登高山名园，采肥嫩芽尖，精细炒焙，首创黄山毛峰，运销东北、华北一带。黄山毛峰经杀青、揉捻、烘焙制成，分特级、一至三级。特级黄山毛峰又分上、中、下三等，采摘一芽一叶；一至三级毛峰各分两个等级，采摘

一芽一叶至一芽三叶。特级黄山毛峰堪称中国毛峰茶之极品，形似雀舌，匀齐壮实，峰显毫露，色如象牙，鱼叶金黄，清香高长，汤色清澈，滋味鲜浓、醇厚、甘甜，叶底嫩黄，肥壮成朵。其中"鱼叶金黄"和"色如象牙"是特级黄山毛峰外形与其他毛峰不同的两大明显特征。

### 2·太平猴魁

太平猴魁主产于安徽黄山市黄山区（原太平县）新明、龙门一带的一类尖形烘青绿茶。猴魁创制于猴坑，采摘标准为一芽三叶初展。并严格做到"四拣"，即拣山、拣丛、拣枝和拣尖（即折下一芽二叶的尖头）。要求肥壮匀齐整枝，叶缘背卷嫩绿，叶尖芽尖等长，以保证成茶"二叶抱芽"。"拣尖"时须剔除芽叶过大、过小、瘦弱、弯曲、色淡、紫芽、对夹叶、病虫危害者（即"八不要"）。经杀青、毛烘、足烘、复焙制成。

太平猴魁

太平猴魁包括三个品类：猴魁、魁尖、尖茶。猴魁为上品，产于猴坑、猴岗、颜家一带，分三个等级。其他产区的称魁尖（分上魁、中魁、次魁）、尖茶（分六级十二等）。猴魁平扁挺直、二叶抱芽、自然舒展、白毫隐伏，有"猴魁两头尖，不散不翘不卷边"之称。叶色苍绿匀润，叶脉绿中隐红，俗称"红丝线"，花香高爽，滋味甘醇，香味有独特的"猴韵"。

# 四·晒青绿茶

晒青绿茶也称"晒青"，是鲜叶经杀青、揉捻后利用日光晒干的绿茶。晒青绿茶主产于云南、四川、贵州、广西、湖北、陕西等地，主要品类有"滇青""陕青""川青""黔青""桂青"等。晒青茶除部分以散茶形式饮用外，主要用来加工紧压茶，如沱茶、砖茶等。

青茶

滇青也称"青茶"，是产于云南思茅、西双版纳、临沧、保山、德宏、大理6个地州30余个县的条形晒青绿茶。采摘一芽二三叶或一芽三四叶云南大叶种鲜叶，芽叶全长6～10厘米，经杀青、揉捻后采用太阳光晒干而成。毛茶分五级十等，是生产紧压茶和云南普洱茶的原料。精制后的成品茶，按品质次序分为春蕊、春芽、春尖、滇配、春玉五个花色。条索粗壮肥硕，白毫显露，深绿油润，香味浓醇，富有收敛性，耐冲泡，汤色黄绿明亮，叶底肥厚。

## 绿茶的冲泡技法

　　绿茶属于不发酵茶，比较常见的有西湖龙井、碧螺春等。这类茶比较细嫩，不适合用刚煮沸的水泡，泡茶水温以80～85℃为宜，茶与水的比例以1：50为佳，盖碗泡法比例以1：25为佳，执壶高度10厘米，水柱直径4毫米，注水倾斜角度为20°～45°，冲泡时间为2～3分钟，最好现泡现饮。若冲泡温度过高或时间过久，多酚类物质、叶绿素a就会被破坏，不但茶汤会变黄，其中的芳香物质也会挥发散失，茶汤的苦涩味也会加重。

### 一·杯泡法

　　冲泡绿茶一般采用杯泡法，透明的玻璃杯，看杯中茶叶旗枪朵朵，赏心悦目。

　　杯泡法是先将三分之一杯开水注入杯中，双手扶住玻璃杯，向左后方倾斜45°，逆时针方向环绕一圈清洁器皿。

绿茶的杯泡法投茶方式分为三种，一曰上投，二曰中投，三曰下投。明代张源在《茶录》中根据季节变化提出："投茶有序，毋失其宜。先茶后汤，曰下投。汤半下茶，复以汤满，曰中投。先汤后茶，曰上投。春秋中投，夏上投，冬下投。"

### 1 · 上投法

茶形细嫩，全是芽头或满身披毫的绿茶适用于上投法。如碧螺春、信阳毛尖。使用高吊注水的方式注水至七分满，待水温降至80℃左右再投茶，执壶高度为10厘米，水柱直径4毫米，注水倾斜角度为20°（此举目的为降低水的温度）。

### 2 · 中投法

茶形紧结，扁形或嫩度为一芽一叶或一芽二叶的绿茶，适宜用中投法，如西湖龙井。使用高吊注水的方式注入三分之一的水，投茶（干茶通过杯中水温透出阵阵豆香），再执壶注水至七分满，执壶高度为10厘米，水柱直径4毫米，注水倾斜角度为20°。

### 3 · 下投法

茶形较松，及嫩度较低的绿茶，适宜用下投法。如太平猴魁、六安瓜片。先在杯中投入适量的干茶，使用高吊注水的方式一次性注水至七分满，执壶高度为10厘米，水柱直径4毫米，注水倾斜角度为20°。

## 二 · 碗泡法

碗泡法，离不开碗。这种碗状的茶具在宋代达到使用的巅峰，宋代时点茶法盛行，用茶碗点茶最合适，便于搅拌操作和汤花保存持久。后来，随着时代发展，冲泡方式与技巧也发生了改变。

### 1 · 烫淋温器

烫淋温器除了可以清洁器皿，同时提升器具的温度，达到唤醒茶香的目的，除此之外，温度低时，先温器可以防止低温的茶具在突然遇热时发生胀裂。

## 2 · 投茶

投茶也称为置茶，是沏茶技法的程序之一，就是将称好的一定数量的干茶置入茶碗，以备冲泡。那么投茶的关键就是茶叶用量，也是泡茶技术的第一要素。要根据器具的容量、茶叶的特点投入适宜的茶量。绿茶是茶类中最为鲜嫩的茶类，且经过揉捻，浸出物溶出速度快，茶量不宜过多，否则浸泡时间过长容易苦涩。一般碗泡法投茶的茶水比例为1：50。

### 3 · 注水

执壶高吊注水，水流宜聚不宜散，不可操之过急，需缓缓注入。

注水

### 4 · 分汤

到了分汤的时候，茶叶也是在热水中浸泡着，手速太慢的话会让第一泡和最后一泡变成两个味道，手脚太快又容易搅浑茶汤。分汤是要靠茶勺一勺一勺地舀进去，如果执勺之手不稳，不停抖动，桌子上都会溅满茶汤，实在不雅。

碗泡法，有利于欣赏茶之形美，点点茶叶或飘浮于上，或潜伏于底，美不胜收，这是其他泡法所不能比拟的。

绿茶在碗中旋转，慢慢将茶汤染成清雅的绿色，宋代的青山绿水之韵跃然汤中，得之以茶汤的鲜艳色泽、茶叶的细嫩柔软、茶舞的曼妙婀娜，其"风景"不亚于宋代的斗茶，可享受清香拂面、绿影扶疏的美感。

### 三 · 盖碗泡法

**1 · 温器**

首先准备好相应的器具，透明玻璃盖碗是冲泡绿茶的首选，因为透明通透的质地可以衬托出绿茶"三绿"的特征，次选陶瓷盖碗。执壶在主泡器4点钟方向逆时针沿着主泡器边沿环绕一圈，极点收水，让水的温度里外润透器皿提升茶香。

**2 · 投茶**

温器后根据茶水比例投入合适茶量，茶水比例1∶25为佳。

### 3 · 注水

执壶在4点钟方向逆时针沿着茶叶环绕一圈，高吊注水，极点收水，让茶叶充分浸润，执壶高度为10厘米，水柱直径为4毫米，注水倾斜角度为20°~45°，缓慢注泡。

### 4 · 润茶

注水后立即出汤，茶汤弃之不饮。因润茶可使茶水相融，促进叶片舒展，使茶叶的内含物质与香气更好地释放出来。高级绿茶可不润茶，茶汤可品饮。

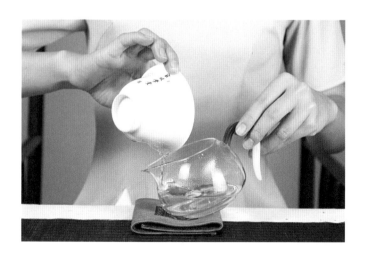

### 5 · 第一道出汤

立即出汤。

# 黄茶

第二章

## 黄茶的概述

　　黄茶是六大茶类之一，属轻发酵茶，因其制作中特殊的"闷黄"工艺形成黄茶黄汤黄叶的品质特征。黄茶主产于四川、安徽、湖南、浙江、广东、湖北等省。

### 一·黄茶的历史文化

　　黄茶是由绿茶演变而来。四川蒙顶黄芽在唐代即为贡茶。唐代李肇《国史补》中所列的名茶就有"寿州霍山黄芽"。

## 二 · 黄茶的品质特征

| 黄茶 | | |
|---|---|---|
| | 发酵程度 | 轻发酵 |
| | 工艺 | 杀青—揉捻—闷黄—干燥 |
| | 原料 | 单芽、一芽一叶、一芽多叶 |
| | 色泽 | 金黄光亮、浅黄油亮、褐黄 |
| | 形状 | 针形或形似雀舌，自然形或条形扁形 |
| | 香气 | 清鲜、清高、醇正 |
| | 汤色 | 嫩黄明亮、黄明亮、深黄明亮 |
| | 滋味 | 甘甜醇和、醇和回甘、浓醇醇和 |
| | 叶底 | 肥嫩黄亮柔软、软嫩黄亮 |
| | 性质 | 茶性平和 |

## 三 · 黄茶的功效

黄茶的闷黄工艺是形成黄茶黄汤黄叶的关键工序，在闷黄过程中，由于湿热作用多酚类化合物减少，湿热作用也为淀粉水解为单糖、蛋白质水解为氨基酸和叶黄素等创造了条件，如具有甜味的可溶性糖在闷黄中略有增加，这些变化有利于黄茶滋味醇和与茶性温和的形成。

黄茶适合一年四季饮用，适合体寒、脾胃功能较弱、消化不良、食欲缺乏者饮用。黄茶中富含茶多酚、氨基酸、维生素等多种营养物质，对防止肠胃炎有明显功效。

## 四 · 黄茶的储存

黄茶的储存环境要求低氧、低温、低湿和避光。

黄茶可常温存放1年左右。如需保持茶叶的新鲜度，可以低温储藏，以保证黄茶"三黄"的品质特征。

# 黄茶的制作工艺

黄茶和其他茶叶最大的区别就在于有了一道"闷黄"的工序，由闷黄导致多酚类化合物轻度氧化、叶绿素彻底破坏，形成色黄、汤黄、叶底黄和滋味醇的"三黄一醇"特点，黄茶由此而得名。黄茶的初制分为湿坯闷黄（以君山银针为代表）和干坯闷黄（见"霍山黄大茶"）两种。前者主要工序是杀青、摊放、初烘、摊放、初包（闷黄）、复烘、摊放、复包（闷黄）、干燥、熏烟。后者主要工序是杀青、揉捻、初烘、堆积（闷黄）、烘焙、熏烟。

## 一·杀青

黄茶杀青原理和目的与绿茶基本相同，但黄茶品质要求黄叶黄汤，因此杀青的温度与技术就有其特殊之处。

"高温杀青，先高后低"，与绿茶相比，黄茶杀青时投叶量大，锅温较低，一般在120~150℃，时间较长。杀青采用多闷少抖，造成高温湿热条件，使叶绿素受到较多破坏，多酸氧化酶、过氧化物酶失去活性，多酚类化合物在湿热条件下发生自动氧化和异构化，淀粉水解为单糖，蛋白质分解为氨基酸，都为形成黄茶醇厚滋味及"三黄"的品质特征创造了条件。

## 二 · 揉捻

黄茶的揉捻要趁热，否则不易成条。待卷曲成条即可。

## 三 · 闷黄

闷黄也称"闷堆"，属于黄茶初制工序，是以湿热作用使茶叶内含成分发生一定的化学变化，形成黄茶品质特征的技术措施。闷黄分湿坯闷黄（杀青后或揉捻后堆积）和干坯闷黄（毛火后堆积）。堆的大小、茶坯温度、含水率和闷黄时间是影响闷黄质量的主要技术因素。湿坯闷黄的茶坯含水率为25%～30%，时间6～8小时；干坯闷黄，茶坯含水率在15%左右，需时3～7天。当叶色变黄，香气显露时为适度。

闷黄工序有先后，如沩山毛尖（杀青—闷黄）、广东大叶青（揉捻—闷黄）、霞山黄芽（毛火—闷黄）、蒙顶黄芽（三闷三炒）、君山银针（二烘二闷）。

### 1 · 湿坯闷黄

湿坯闷黄是在杀青后或热揉后堆闷使茶叶变黄。由于叶子含水量高，变化快，消山毛尖杀青后热堆，经6～8小时，即可变黄。平阳黄汤杀青后，趁热快揉重揉，堆闷于竹篓内1～2小时就变黄。北港毛尖，炒揉后，覆盖棉衣半小时，俗称"拍汗"，促其变黄。

### 2 · 干坯闷黄

干坯闷黄由于水分少，变化较慢，黄变时间较长。如君山银针，初烘至六七成干，初包40～48小时后，复烘至八成干，复包4小时，达到黄变要求。黄大茶初烘七八成干，趁热装入高深口小的篾篮内闷堆，置于烘房5～7天，促其黄变。霍山黄芽烘至七成干，堆积1～2天才能变黄。

## 四 · 干燥

黄茶的干燥一般分多次进行，有烘干、炒干两种，温度也比其他茶类偏低，且先低后高。

**毛火**：闷黄后在较低温下烘炒，水分蒸发慢，多酚类物质持续在湿热状态下作用。

**足火**：较高的温度烘炒，固定已形成的黄茶品质。

## 黄茶的分类

黄茶按照原料芽叶的嫩度和大小可分为黄芽茶、黄小茶和黄大茶三类。按加工工艺分为杀青后湿坯堆积闷黄、揉捻后湿坯堆积闷黄、毛火后茶坯堆积闷黄、毛火后包藏闷黄四类。

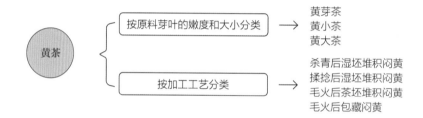

## 一 · 按原料芽叶的嫩度和大小分类

### 1 · 黄芽茶

原料细嫩，采摘单芽或一芽一叶加工而成，主要包括湖南岳阳洞庭湖君山的"君山银针"，四川雅安名山区的"蒙顶黄芽"和安徽霍山的"霍山黄芽"。

### 2 · 黄小茶

采摘细嫩芽叶加工而成，主要包括湖南岳阳的"北港毛尖"、宁乡的"沩山毛尖"、湖北远安的"远安鹿苑"和浙江温州平阳一带的"平阳黄汤"。

### 3 · 黄大茶

采摘一芽二三叶甚至一芽四五叶为原料制作而成，主要包括安徽霍山的"霍山黄大茶"和广东韶关、肇庆、湛江等地的"广东大叶青"。

## 二·按加工工艺分类

根据闷黄的时间和茶坯的干湿，黄茶可以分为4小类。

- 杀青后湿坯堆积闷黄，如沩山毛尖、蒙顶黄芽。
- 揉捻后湿坯堆积闷黄，如平阳黄汤、北港毛尖。
- 毛火后茶坯堆积闷黄，如广东大叶青。
- 毛火后包藏闷黄，如君山银针。

### 1·沩山毛尖

沩山毛尖是产于湖南宁乡沩山区的朵形黄小茶。沩山唐代即产茶。清同治时期的县志载："沩山六度庵、罗仙峰等处皆产茶，唯沩山茶称为上品。"1947年《沩山县志》："沩山茶谷雨前采制，香嫩清醇，不让武夷、龙井。……密印寺院内数株味尤佳。"清明后7天采摘一芽二叶，经杀青、闷黄、揉捻、烘焙、熏烟制成。芽叶微卷，呈自然开展的兰花状，白毫显露，茶色黄润，烟香扑鼻，汤色杏黄明净，茶香浓，滋味醇爽，叶底黄亮成朵。

沩山毛尖

### 2·蒙顶黄芽

蒙顶黄芽是产于四川蒙顶山区域的扁直形黄芽茶。蒙山产茶始于西汉，盛于唐，唐僖宗中和年间入贡为全国之最。唐代李肇《国史补》："剑南有蒙顶石花、小方、散芽列为第一。"北宋范镇《东斋记事》："蜀之产茶凡八处，雅州之蒙顶，蜀州之味江……然蒙顶为最佳也。"宋代

蒙顶黄芽

文彦博"旧谱最称蒙顶味，露芽云叶胜醍醐"。蒙顶黄芽采摘于春分时节，茶树上有10%的芽头鳞片展开，即可开园采摘。采摘色黄绿而肥壮的单芽，经摊放、杀青、闷黄、整形提毫、烘焙干燥制成。形状扁直，芽匀整齐，鲜嫩显毫，汤色黄绿明亮，甘香浓郁。

### 3 · 平阳黄汤

平阳黄汤，即温州黄汤，是主产于浙江温州的平阳、苍南、泰顺等地的条形黄小茶。历史上以平阳产量最多，故得名。泰顺出产的又称"泰顺黄汤"。乾隆、嘉庆年间温州地区已产黄汤茶。经杀青、揉捻、闷堆、干燥制成。色黄、汤黄、叶底黄。

平阳黄汤

### 4 · 广东大叶青

广东大叶青是主产于广东韶关、肇庆、佛山、湛江等地的长条形黄大茶，是黄大茶的代表品种之一。采摘云南大叶等大叶种鲜叶一芽三四叶，经轻萎凋、杀青、揉捻、闷黄、干燥制成，分一至五级。条索肥壮紧卷，显毫，叶张完整有毫尖，青润带黄，香气纯正，滋味浓醇回甘，汤色橙黄明亮，叶底黄绿。

广东大叶青

### 5 · 君山银针

君山银针是产于湖南岳阳洞庭湖君山岛的针形黄芽茶，由君山毛尖演变而来。清代君山茶已有"尖茶"和"苑茶"之分，采回芽叶之后，将芽头摘下制成尖茶纳作贡品，称"贡尖"。至1953年革除旧法，直接在茶园中拣选芽头采摘，始成独具一格的全芽茶。经摊青、杀青、摊晾、初烘、摊晾、初包发酵、复烘、摊晾、复包发酵、足火、拣选制成。每千克有四五万个芽头。芽头白毫满披，底色金黄鲜亮，有"金镶玉"之美称。冲泡时，开始芽头冲向水面，悬空挂立，徐徐下降于杯底，如金枪林立，又似群笋出土，间或有些芽头从杯底又升至水面，有起有落，十分悦目。有的芽头包芽之叶略有张口，其间夹有一晶莹气泡，恰似"雀舌含珠"。汤色杏黄明净，香气清鲜，滋味甜和鲜爽。

君山银针

# 黄茶的冲泡技法

## 一 · 杯泡法

黄茶在冲泡时可选用透明玻璃杯，以便更好地欣赏茶叶在水中竖立，三起三落和金黄的汤色及茸毫翩翩起舞。黄茶冲泡时水温不宜太高，一般为80～100℃。茶与水的比例以1∶50为佳，执壶高度5厘米，水柱直径为5毫米～1厘米，注水倾斜角度20°～45°，冲泡时间为1～3分钟，若冲泡温度过高，多酚类物质、芳香物质挥发散失，茶汤的苦涩味重。

**冲泡时可采用中投法：**

先沿着4点钟方向杯沿将三分之一开水注入杯中，双手扶住玻璃杯，向左后方倾斜45°，逆时针方向环绕一圈清洁器皿。

投茶，使用中投法冲泡可提高茶叶的香气，滋味也更加甜醇。

靠着杯沿注入三分之一的水，执壶高度为10厘米，水柱直径为5毫米～1厘米（此举为降低水的温度），注水倾斜角度为20°～45°，轻轻转动杯中茶，以使茶叶浸润，凤凰三点头注水至七分满。

## 二·盖碗泡法

### 1·温器

首先准备好相应的器具，黄茶可选用陶瓷盖碗冲泡。执壶在主泡器4点钟方向逆时针沿着主泡器边沿环绕一圈，极点收水，让水的温度里外润透器皿提升茶香。

### 2 · 投茶

温器后根据茶水比例投入量，茶水比例1∶25为佳。

### 3 · 注水

执壶在4点钟方向逆时针沿着茶叶环绕一圈，极点收水，让茶叶充分浸润，执壶高度为5厘米，水柱直径为5毫米~1厘米，注水倾斜角度为20°~45°，缓慢注泡。

### 4 · 润茶

润茶时间为5秒，茶汤弃之不饮。因润茶可使茶水相融，促进叶片舒展，使茶叶的内含物质与香气更好地释放出来。

### 5 · 第一道出汤

立即出汤。

叁

玖拾叁

# 黑茶

第三章

## 黑茶的概述

　　黑茶是中国传统六大茶类中最有特色的一类。由于其原料多利用绿毛茶再加工制成，也称后发酵茶类。如四川边茶、湖南安化黑茶、广西六堡茶、湖北老青茶和云南普洱茶。黑茶原料粗老，制造过程中堆积发酵时间较长，成品茶色呈黄褐、棕褐、红褐、黑褐、乌黑色。

### 一·黑茶的历史文化

　　黑茶生产历史悠久。始创于明朝1524年前后，由唐代的黄茶演变而来，北宋熙宁七年（1074）有用绿茶做黑茶记载。明代四川"乌茶"作边销行茶马交易。明朝嘉靖年间，安化黑茶崛起，才出现真正意义上的黑茶。

# 茶中王者

dark tea

## 发酵
### 黑茶的涅槃

◎ 茶为"心"

◎ 棕为"衫"

◎ 竹为"衣"

正确的发酵技巧
成就黑茶的新生之路

## 二 · 黑茶的品质特征

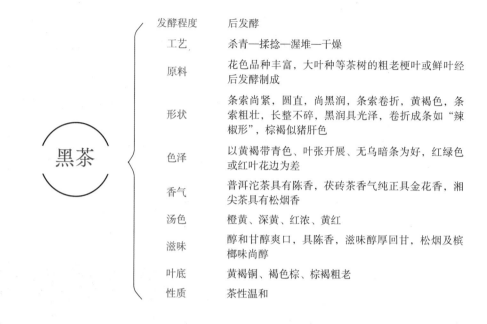

| 黑茶 | | |
|---|---|---|
| | 发酵程度 | 后发酵 |
| | 工艺 | 杀青—揉捻—渥堆—干燥 |
| | 原料 | 花色品种丰富，大叶种等茶树的粗老梗叶或鲜叶经后发酵制成 |
| | 形状 | 条索尚紧，圆直，尚黑润，条索卷折，黄褐色，条索粗壮，长整不碎，黑润具光泽，卷折成条如"辣椒形"，棕褐似猪肝色 |
| | 色泽 | 以黄褐带青色、叶张开展、无乌暗条为好，红绿色或红叶花边为差 |
| | 香气 | 普洱沱茶具有陈香，茯砖茶香气纯正具金花香，湘尖茶具有松烟香 |
| | 汤色 | 橙黄、深黄、红浓、黄红 |
| | 滋味 | 醇和甘醇爽口，具陈香，滋味醇厚回甘，松烟及槟榔味尚醇 |
| | 叶底 | 黄褐铜、褐色棕、棕褐粗老 |
| | 性质 | 茶性温和 |

茶艺

/

玖拾陆

## 三 · 黑茶的功效

黑茶性温和，在降脂、降"三高"等方面作用突出。

**· 降血糖** 黑茶中含有茶多糖复合物，茶多糖复合物有降血糖的重要作用，常饮用些黑茶有助于调整血糖。

**· 辅助减肥** 黑茶中含有丰富的维生素$B_1$，维生素$B_1$在脂肪氧化分解中起到一定作用，因此经常饮用黑茶可以促进体内代谢废物及时排出。

黑茶适合一年四季饮用，黑茶的特殊渥堆工艺成就了其汤感绵滑醇厚的品质特点，茶性温和，适合老年人、肠胃不适者、睡眠质量不佳者饮用。

## 四 · 黑茶的储存

黑茶可以常温储放，仓储环境需通风透气无异味，储茶的环境也应根据四季天气开窗通风换气，保持空气流通，有活性。

在储存温度方面，最好控制在25～30℃，不可超过30℃，温度太高会使茶叶加速发酵变酸。

在湿度方面，太过潮湿的环境会导致黑茶的快速变化，这种变化往往会带来霉变。建议的相对湿度为65%～75%，相对湿度不能高于75%。

# 黑茶的制作工艺

　　黑茶加工以较粗老的叶为原料，工艺兼有绿茶、黄茶的特点，包括杀青、初揉捻、渥（闷）堆、复揉、干燥等工序。长时间的渥堆使其品质特点自成一格，即茶色、汤色、叶底色都较深或呈暗褐色，黑茶由此得名，其滋味更加醇和。

## 一·杀青

　　杀青是利用高温破坏酶的活性，以抑制多酚类物质的酶促氧化。由于原料较老，水分含量较低，不易杀匀杀透，所以在杀青前应先洒水（俗称"打浆"或"灌浆"），一般每5千克鲜叶加水0.5千克，露水叶、雨水叶和较嫩的原料可以不洒水。杀青翻炒时产生高温蒸汽，有利于将茶叶杀匀杀透。杀青的方法分为手工杀青和机械杀青。

## 二 · 初揉

黑茶原料粗老，揉捻要掌握轻压、短时、慢揉的原则。待黑茶嫩叶成条，粗老叶皱叠时即可。

## 三 · 渥堆

渥堆也称"沤堆"，是黑茶初制工序。此工艺利用微生物酶促作用和湿热作用下的热物理化学变化，使茶叶内含物发生复杂变化，塑造黑茶品质特征的技术。方法是将一定含水率的茶坯适当压紧堆积。如湖南黑茶渥堆，要求茶坯含水率为60%左右；湖北老青茶则以30%左右为宜。一般堆高40～100厘米，室温25℃以上，相对湿度85%左右。技术要素是控制适当的含水率、堆温、堆的大小、松紧和渥堆时间等。在原料粗老、含水率低、气温较低时，需堆大、压紧；反之，宜堆小、较松。渥堆时间视叶色和香气的变化而定。如湖南黑茶叶色转为黄褐色，湖北老青茶和四川黑茶分别为红褐色、棕褐色时，均为适度。六堡茶成品蒸制过程中的渥堆时间需10余天，当叶色转为红褐色，发出醇香为适度。

## 四 · 复揉

因渥堆后的茶条有回松现象，需复揉使茶条卷紧，进一步整饰分形，破损细胞，使其破损率达30%以上，从而增进内质、改进外形。

## 五·干燥

干燥是黑茶初制中最后一道工序，一般采用烘焙法进行。通过烘焙形成黑茶特有的品质特征即油黑色和松烟香味。干燥方法采取松柴旺火烘焙，不忌烟味。

## 黑茶的分类

黑茶制作工艺分为湿坯和干坯。湿坯指的是揉捻后进行渥堆，如湘尖黑茶、黑砖茶、花砖茶、茯砖茶。干坯指的是烘干之后进行渥堆，如湖北老青茶、六堡茶。因制作工艺及发酵程度不同，形成黑茶橙黄汤、深黄汤、黄红汤、枣红汤、黄褐叶、铜褐叶、红褐叶的品质特征。

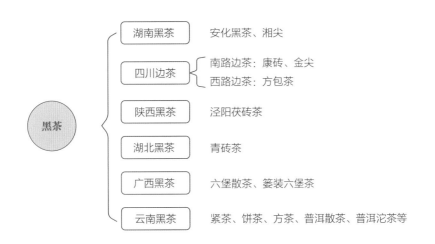

## 一·湖南黑茶

安化黑茶是中国黑茶的始祖，明代嘉靖年间由四川乌茶的加工工艺发展而成。至十六世纪末期，安化黑茶已位居中国领先地位，万历年间被定为官茶，大量远销西北。

湖南黑茶原产于安化，最早产于资江边上的苞芷园，后转至资江沿岸的鸦雀坪、黄沙坪、硒州、江南、小淹等地，以江南为集中地，品质则以高家溪和马家溪最为著名。过去湖南黑茶集中在安化生产，现在产区已扩大到桃江、晃江、汉寿、宁乡、益阳和临湘等地。历史上黑毛茶最盛时期的产量，是光绪年间的年产15万担（1担＝50千克）。现在黑毛茶产量已超过50万担，比1950年增加了4倍以上。

湖南黑毛茶鲜叶原料是采生长成熟的新梢，采制标准分为四个级别：一级以一芽三四叶为主，二级以一芽四、五叶为主，三级以一芽五六叶为主，四级以对夹叶新梢为主。

湖南黑毛茶加工分杀青、初揉、渥堆、复揉、烘焙干燥五道工序。由于原料粗老，杀青前一般要"洒水灌浆"处理，加鲜叶重量10%左右的水，再进行杀青（嫩叶、雨水叶、露水叶可不加）。杀青后趁热揉捻，不然不易成条。初揉下机后的茶坯，无须处理即可直接进行渥堆，约1天后完成渥堆，复揉后在七星灶上用松柴明火烘干。烘至茎梗折而易断、叶子手捏成末、嗅有扑鼻松香，含水8%～10%，即为干燥黑毛茶。

湖南黑毛茶分四个等级。高档茶较细嫩，低档茶较粗老。一级茶条索紧卷、圆直，叶质较嫩，色泽黑润，一级堆主制天尖。二级茶条索尚紧，色泽黑褐尚润，二级堆主制贡尖。三级茶条索欠紧，呈泥鳅条，色泽纯净呈竹叶青带紫油色或柳青色，三级堆主制生尖、花砖、黑砖。四级茶叶张宽大粗老，条松扁皱褶，色黄褐，四级堆主制茯砖。湖南黑毛茶内质要求香味醇厚，带松烟香，无粗涩味，汤色橙黄，叶底黄褐。

湖南紧压茶是以湖南黑毛茶为主要原料，经筛分、拼配、汽蒸发酵、压制定型、干燥（茯砖茶为发花干燥）后包装而成。按黑毛茶的级别及压制的形状不同有篓装湘尖茶、茯砖茶、花砖茶、青砖茶和黑砖茶。

### 1 · 篓装湘尖茶：天尖、贡尖、生尖

湘尖茶系采用优质黑毛茶为原料，经过精制加工的茶叶滋味醇厚、品质更为稳定。湘尖茶采用篾篓包装，是现存的最古老的茶叶包装方式之一，堪称中国传统茶文化的宝贵遗产。清道光五年（1825）天尖、贡尖曾被列为贡品。

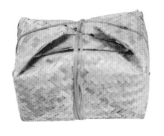

天尖

贡尖

生尖

## 2 · 四砖：花砖、青砖、黑砖、茯砖

花砖茶系1958年由花卷（千两茶）改制而成。外表色泽黑润为佳；内质香气纯厚、味浓厚微涩、汤色深黄者为正常。

青砖外表乌黄色或青褐色为正常；香味以纯正无青气为佳，汤色深黄或红黄尚亮为好，浅黄暗浊为次。

花砖茶

青砖茶

黑砖茶原产于湖南安化白沙溪，1939年前后开始生产。因砖面压有"湖南省砖茶厂压制"8个字，又称"八字砖"。因砖面用凸字字模，兰州市场称黑砖为"鼓字名牌安化黑砖"。现在年产量约5000吨，主销甘肃、宁夏、青海、新疆等地，以兰州为集散地。

茯砖，砖中"金花"茂盛、干闻有"黄花清香"、色泽黄褐色为佳。有青绿灰黑杂色霉菌、闻之有霉气者茶已无用；汤色以橙黄或橙红为佳，淡黄或黑褐次之，暗浊为差，叶底黄褐为正常，青褐色为差。

黑砖茶

茯砖茶

清道光元年（1821）之前，陕西商人到湖南安化采购黑茶，以100两为标准包装茶叶，每包体积较小，既方便了骡马运输，又能节约运输费用，"百两茶"的名称也由此而来。

在"百两茶"的基础上将茶叶重量增加至1000两，采用大长竹篾篓将黑毛茶踩压捆绑成圆柱形的"千两茶"运回陕西。这种踩压捆绑成圆柱形的黑茶叫"澧河茶"。千两茶以色泽黑褐，断面黄褐均匀为好，老千两茶汤色深红，香气"纯正"，滋味醇滑，口茶感十足。

后来，茶叶不断发展，在千两茶基础上延伸出了十两茶。十两茶是千两茶的袖珍版，方便携带，用棕叶包裹，将树藤放在底部防潮。

百两茶

千两茶

十两茶

## 二 · 四川边茶

四川黑茶由成都产销中心经由川藏茶马古道销往各地，根据销往的区域不同可分为边销茶与内销茶。四川的黑茶主要消费人群是边疆少数民族地区人民，如西藏等，所以被称为边销茶或藏茶；内销茶的消费人群以内地人民为主。从成都产销中心出发，经川藏茶马古道，其具体销售路径又可分两路：南路和西路。从成都产销中心销往南边西藏方向的就是南路边茶，销往西北方向的就是西路边茶。南路边茶是采割来的茶枝叶经杀青、扎堆、蒸、馏、晒

四川边茶

干而成；西路边茶是由采割来的茶枝叶直接晒干即成。用南路边茶蒸压加工成的紧压茶，历史上分二等六级；上等称为细茶，分毛尖、茅细、康砖三种；中等称为粗茶，分金尖、金玉、金仓三种，现已简化为康砖、金尖两个花色。西路边茶一般蒸压加工成方包茶或圆包茶再行销售。

### 1 · 南路边茶

四川雅安、天全、荥经等地生产的南路边茶，压制成紧压茶——康砖茶、金尖茶后，主销西藏，也销往青海和四川甘孜藏族自治州。南路边茶原料一般选用茶叶鲜叶（对夹新梢），经杀青、揉捻、渥堆、干燥制成毛茶，后经筛分、拼堆、蒸茶、压制成型、包装制成成茶。南路边茶的成茶早期分为毛尖、芽细、康砖、金玉、金仓五个花色，现在被简化为康砖茶、金尖茶两个花色。

①康砖茶：净重500克，香气纯正，茶汤红黄，滋味尚浓醇。

②金尖茶：净重为2500克，色泽棕褐，香气纯正，茶汤黄红，滋味醇和。

南路边茶品质优良，耐久泡，在藏族人民中享有盛誉，占藏族边茶消费量的60%以上。

### 2 · 西路边茶

四川都江堰、北川一带生产的紧压茶，用篾包包装。以前都江堰所产的为长方形包，称为"方包茶"，一般选用当年或上一年的枝梢作原料，直接晒干制成毛茶，毛茶色泽灰褐，相对粗老。毛茶经筛切（制成含梗量60%的面茶和末子茶）、面茶汽蒸、配合末子茶渥堆发酵、高温炒茶、筑制成型制成成品方包茶。早期北川所产的为圆形包，现已停产，改按方包茶的规格加工。西路边茶的原料比南路边茶更为粗老，产区大都实行粗细兼采制度，一般在春茶采摘之后，再采割边茶。其加工工艺较简单，一般杀青后晒干，蒸压后装入篾包即可。西路边茶的茶色色泽枯黄，稍带烟焦气，滋味醇和，汤色红黄，叶底黄褐。

## 三 · 陕西黑茶

泾阳茯砖茶茶体紧结，其色泽黑褐油润、金花茂盛、清香持久、陈香显露、清澈红浓、口感醇厚、回甘绵滑。

泾阳茯砖茶

"自古岭北不植茶，唯有泾阳出砖茶"。泾阳位于岭北，本不植茶，但泾阳位处关中腹地，泾河下游，自古是三辅名区、京畿要地，也是南茶北上必经之地。因而，从汉代开始泾阳就成了"官引茶"到中原的集散地。官茶到泾，另行检做，制成茯砖茶后，才沿丝绸之路销往西北各地乃至中西亚各国，遂形成加工制作输运中心枢纽。在漫长的集散、加工、制作岁月中，茶商在不经意的情况下偶然发现加工之茶中长出金花（茯茶中的金黄色星状斑点茶商们称其为"金花"），因金花菌在黑毛茶的二次发酵中的生长繁殖、代谢作用，极大地改变和提高了原黑毛茶的品质。

茶商们在此基础上，不断探索、总结、完善制作工艺、定型，形成了泾阳独有的茯砖茶品。因其是在夏季伏天加工制作，其香气和作用又类似茯苓，且蒸压后的外形成砖状，故称为"茯砖茶"，也是陕西省泾阳县特产。

泾阳茯砖茶品中生长繁殖有一种益生菌——金花菌，生物学家现定名为"冠突散囊菌"。它是泾阳茯砖茶的独特之处，形成了泾阳茯砖茶的独特风格。

泾阳茯砖茶以湖南的黑毛茶作为茯砖茶的原料距今已有600多年的历史，获得了诸多的美誉。得益于得天独厚的自然资源，加上当地的制茶技术，自古就有制作泾阳茯砖茶"三不能制"，即"离了泾阳水不能制，离了泾阳气候不能制，离了泾阳人的技术不能制"的说法。

2013年，泾阳茯砖茶成为国家地理标志保护产品，完成了地理标志证明商标保护工作，其制作技艺入选陕西省非物质文化遗产保护项目。

茯砖茶

茯砖茶中的金花

## 四 · 湖北黑茶

老青茶是产于湖北赤壁、咸宁、通山、崇阳等地的条形晒青黑茶。民国《湖北通志》："同治十年，重订崇、嘉、蒲、宁、城、山六县各局卡抽派茶厘章程中，列有黑茶及老茶二项。""老茶"即指老青茶，分"面茶"和"里茶"两种，面茶是鲜叶经杀青、初揉、初晒、复炒、复揉、渥堆、晒干制成；里茶是鲜叶经杀青、揉捻、湿堆、晒干制成。老青茶分洒面、二面、里茶三个级别。"洒面"色泽乌润，条索较紧，稍带白梗。"二面"色泽乌绿微黄，叶子成条，红梗为主。"里茶"色泽乌绿带花，叶面卷皱，茶梗以当年新梢为主。

湖北生产"青砖"的历史悠久，久负盛名，18世纪就在欧洲培养起一个庞大而稳定的消费群体，源头就是湖北的港口城市汉口，经我国北方至蒙古高原再至西伯利亚腹地的驼道，然后延伸至整个欧洲（后被水运和铁路取代）。19世纪下半叶经中国茶叶的出口占世界贸易总量的80%，汉口输出占国内茶叶出口的60%，其中以湖北产老青砖茶比例最大。

青砖茶原料由面茶经筛分、调配、蒸茶（100～120℃）、压紧定型、干燥（30℃逐步升温至70℃）、包装后制成成品茶。

青砖茶

## 五 · 广西黑茶

六堡茶产于广西梧州市苍梧县六堡乡，是以广西大、中叶种及其分离、选育的品种、品茶树的鲜叶为原料。六堡茶由唐代黄茶演变而来，工艺成熟于明，盛于明清嘉庆年间，以其独特的槟榔香味入选中国名茶之列。一般选用鲜叶（一芽二至五叶），经杀青、揉捻、渥堆、复揉、晒七成干、松材烘干制成毛茶（分一至五级）。毛茶又经筛分、拼配、蒸茶、渥堆（汤色转红）、复蒸、装篓压紧、凉置（阴凉通风6~7天）、陈化（约6个月）后制作成六堡茶成茶。其色泽黑褐光

六堡茶

润、香气醇陈、有独特的槟榔香、汤色红浓明亮、滋味醇和爽口、略感甜滑、叶底红褐。2011年3月16日，国家质检总局批准对"六堡茶"实施地理标志产品保护。

## 六·云南黑茶

云南黑茶又名普洱茶。普洱茶是地理标志产品，以地理标志保护范围内的云南大叶种晒青茶为原料，并在地理标志保护范围内采用特定的加工工艺制成，具有独特品质特征的茶叶，分为普洱生茶和普洱熟茶两类。

普洱茶原产于云南省，生产历史悠久，在古今中外都负有盛名。唐樊绰《蛮书》卷七记载：茶出银生城界诸山，散收无采造法。蒙舍蛮以椒、姜、桂和烹而饮之。可见早在唐代生产普洱茶的这个地方人们已经将茶融入一日三餐，可见此地在唐代的时候，茶已经成为生活的必需品。南宋李石《续博物志》记载："茶出银生诸山，采无时，杂椒姜烹而饮之。普洱古属银生府，则西蕃之用普茶，已自唐时。"西藩，是指居住在康藏地区的兄弟民族，普茶指"普洱"人（濮人）种的茶，"普洱"人便是当今布朗族和佤族布饶人的先民濮人。先有"普洱"人（濮人），后有"普洱"地名，再后有普洱茶。明代谢肇淛《滇略》记载："土庶所用，皆普茶也，蒸而成团。"记载说明普洱茶最早的制茶工艺形成于明朝。清代赵学敏《本草纲目拾遗》写道："普洱茶出云南普洱府……产仪乐、革登、倚邦……六茶山"。普洱府即现在的普洱市，是当时滇南的重镇，周围各地所产茶叶需先运至普洱府集中加工，再运销康藏各地，普洱茶因此得名。现在，云南西双版纳、思茅等地仍盛产普洱茶。

普洱茶主产区位于澜沧江两岸，在北纬25°以南的滇南、滇西南地区，包括思茅、西双版纳、红河、文山、保山、临沧等地州（市）。受太平洋季风的影响，属于热带高原型湿润季风气候。植被为热带常绿阔叶、落叶阔叶混交季雨林。海拔在1200~2500米，年平均温度在15~20℃，大于10℃的活动积温6000~8000℃，年降雨量1200~2500毫米，年平均相对湿度75%~80%，土壤以红壤、黄壤、砖红壤、赤红壤为主，土层深厚肥沃，有机质丰富，pH为4~6。自然条件非常适宜大叶种茶树生长发育。由于短跨度内地形高低悬殊，气候垂直变化显著，因而干湿季分明。优质普洱茶多产于海拔1500~2000米的高山茶区。

现在交通发达，运输方便，大大缩短了货物在途时间。同时，制茶技术、设备条件也有了很大的进步，因此昔日晒青毛茶天然陈化形成普洱茶的过程基本不再适用。当今普洱茶的后发酵作用，基本上都采用了人工陈化工艺（人为控制制造过程中的温度、湿度），以加速普洱茶的后熟作用，达到色泽褐红、汤色红浓、陈香独特、滋味醇和、口感爽滑的品质要求，适应了市场大量消费的需要。其加工工艺流程如下：

鲜叶 — 杀青 — 揉捻 — 晒干 — 晒青毛茶 ⟶ ⎰ 毛茶付制 — 蒸茶压制 — 干燥 — 检验包装和贮存 — 普洱生茶
⎱ 毛茶付制 — 渥堆发酵 — 静养 — 压制 — 包装 — 普洱熟茶

## （一）普洱茶的四大产区

正所谓"一方水土养一方人"，普洱也同样"论山头"。一山一味，每一个山头的普洱茶都有它独一无二的滋味和香气。

云南茶科所研究结果显示：土壤和气候是影响茶叶特质的重要因素。不同地域普洱茶生长的土壤、温度、湿度、阳光、海拔等，都让它们的口感独具一格。

基于此，提出了云南普洱茶四大产区、六大茶山（古六大茶山与新六大茶山）的概念，形成了每一个产区独有的特点。

**1·易武产区**

此产区位于澜沧江东以南，包括易武茶区，攸乐、倚邦等旧六大茶山。此地茶以香扬水柔而闻名，是贡茶之乡。

**2·勐海产区**

此产区位于澜沧江西以南，包括勐海县的南糯山、布朗山、勐宋、巴达、贺开等。

**3·普洱产区**

普洱产区位于澜沧江东以北，包括普洱市的景迈、困鹿山、小景谷、无量山、哀牢山等。

**4·临沧产区**

临沧产区位于澜沧江西以北，包括临沧市的勐库茶区，勐库大雪山（即冰岛所在茶山）、邦东茶区等。

### （二）普洱茶的六大茶山

**1·古六大茶山**

**（1）攸乐古茶山**　攸乐山位于景洪市辖区内，现名基诺山。与革登茶山为邻，西南接小勐养、勐罕和勐宽三个坝子。

**（2）革登古茶山**　革登位于勐腊县境内，东连孔明山，南与基诺茶山隔江相望，西接蛮砖茶山，北与倚邦茶山为邻，革登茶山包括今象明新发寨、新酒房、莱阳河一带。

**（3）倚邦古茶山**　总面积有360平方公里，在六大茶山中倚邦茶山的海拔最高，360平方公里的面积几乎全是高山。在明朝末年，大批四川茶农把小叶茶籽带到倚邦种植，于是小叶茶在倚邦安家落户。

**（4）莽枝古茶山**　莽枝古茶山位于云南省西双版纳傣族自治州勐腊县象明乡，面积不大。

**（5）蛮砖古茶山**　蛮砖古茶山包括蛮林和蛮砖等地，蛮砖茶山是"古六大茶山"现今保存较好的一座茶山。

**（6）曼撒古茶山**　曼撒位于勐腊县境内，距易武镇20公里，与老挝仅一界之隔，茶区内地形复杂、落差大，海拔最高为1900多米，最低则为700多米。

**2·新六大茶山**

**（1）南糯山**　南糯山又称孔明山，坐落于勐海县东北侧，屹立在流沙河东岸，平均海拔1400米。

**（2）布朗山**　位于勐海布朗乡，与贺开茶山相邻，布朗山是布朗族的主要聚居区，总面积1000多平方公里。

（3）**巴达山** 巴达山位于勐海县南端，属西定乡，距离勐海县城58公里，与缅甸接壤，为哈尼、布朗、拉祜等少数民族聚集地。因其山脉形似大象，故又称"象山"。

（4）**南峤茶山** 南峤茶山如今又被称为勐遮古茶山。勐遮是勐海县境内最大的平坝，1958年11月，南峤（已改名勐遮）县与勐海县合并，改设为勐遮区。

（5）**勐宋茶山** 勐宋茶山位于勐海县东部，勐宋是傣语地名，意为高山间的平坝。

（6）**景迈山** 景迈山东邻西双版纳勐海县，西邻缅甸，是西双版纳、普洱与缅甸的交界处。

## （三）普洱茶的制作工艺

普洱茶是用优良品种云南大叶种，采摘其鲜叶，经杀青后揉捻晒干的晒青茶（滇青）为原料，经过泼水堆积发酵（渥堆）的特殊工艺加工制成。

普洱茶主要加工技术主要有以下几种。

### 1·毛茶工艺

（1）**鲜叶采摘** 原料采自优质百年以上生态古茶园中的古茶树鲜叶，采摘幼嫩茶树新梢。鲜叶要求芽叶完整、新鲜、匀净，无其他异杂物。

（2）**摊晾** 鲜叶按级验收后应分级在竹筛上自然摊放。在翻动过程中要勤翻散热、动作轻巧。摊晾厚度为10~15厘米。这一步骤能使青草气散发，芳香物质增加，并为下一步杀青做准备。

鲜叶采摘

（3）**杀青** 杀青讲究看茶制茶，保证鲜叶能够杀匀、杀熟、杀透。杀青锅温一般控制在180~280℃，投叶量4~6千克，一般需要15~30分钟。

第一阶段：以闷杀为主，杀青锅使杀青叶均匀受热，更好地散发水汽；高温抑制酶促氧化，能够促进茶叶青草气向清香的转变。

摊晾

第二阶段：以闷为主，做到闷透；促进晒青毛茶品质的形成。

第三阶段：以透为主，高抛少闷；叶色由鲜绿转为暗绿；水分蒸发，叶质变柔，韧性增加，便于揉捻成条，使香气更加高扬。

（4）**揉捻** 将揉捻叶放入竹筛中，向同一方向揉捻，揉捻过程应把握好"轻—重—轻""嫩叶冷揉，老叶热揉"的原则。根据鲜叶品种和味型的差异，揉捻的力度和时间有所不同，成条率为60%～75%。这一步骤使茶条卷紧，体积缩小，为干燥打好基础；也适当破坏了叶肉细胞，使茶汁溢出，便于营养物质溶解在茶汤中，又能够保证耐冲泡。

（5）**晒青** 茶叶揉好后，进行摊晒，阳光直射保留了茶叶最本真、最自然的香气与滋味；有利于后期茶叶品质的转化和提升。

（6）**拣剔与贮存** 毛茶晒干后会进行手工拣剔，除去杂质和黄片、老叶，以求外观匀整。按国家标准对茶叶进行贮存，毛茶进厂对照收购标准样复评验收，合格后按产地和味型分堆入仓。

**2·生茶工艺**

（1）**蒸茶压制** 一般包括称茶、蒸茶、压茶等工序。蒸茶时间一般为5～10秒，茶坯含水量达18%～19%，压制后茶块厚薄均匀，松紧适度。

（2）**干燥** 干燥温度，控制在50℃以内，不同产品烘干时间不同，需13～36小时，待普洱生茶紧压茶含水量降到10%以下，就可以出烘了。

（3）**检验包装和贮存** 经过干燥的成品紧压茶，要进行各种指标的抽样检验和感官审评。贮存环境要保证清洁、干燥、无异杂味的专用仓库长期保存，忌高温高湿。

**3·熟茶工艺**

（1）**毛茶付制** 毛茶进厂对照收购标准样按照产地和味型复评验收，然后按等级归堆。归堆后进行适当调剂搭配，规定的毛茶拼配比例不得轻易变动，以免影响成品茶的品质。

（2）**渥堆发酵** 渥堆发酵是熟茶制作过程的关键步骤，一般分为潮水、砌堆、翻堆、开沟通风等

杀青

揉捻

晒青

蒸茶压制

工序。和酿酒一样，熟茶的发酵是一场人类和微生物的美妙合作，其实质是将一定数量晒青毛茶按比例添加水分并堆积在一起，利用微生物的作用、酶促作用和湿热作用，使茶坯发生复杂的化学反应，进而形成了普洱熟茶特有的色、香、味、形。

渥堆发酵具体步骤：

• **潮水**　对晒青毛茶进行人工洒水的步骤称作潮水，潮水增加毛茶湿度，为微生物的生长提供适宜环境。潮水不足，茶堆温度不足；潮水过多，茶堆易腐烂变酸。分层均匀洒水，潮水量在23%～35%为宜。

• **砌堆**　潮水后，将茶叶堆成1～1.5米高的长方棱台形，并盖上湿润的粗白布等覆盖物保湿保温。砌堆后茶叶的堆温会缓慢上升，温度应控制在45～60℃，适宜微生物生长，温度过高茶叶易碳化，过低会形成杂菌污染。

• **翻堆**　将紧结的茶堆解散，重新翻匀。翻堆目的一是散热，二是均衡里外茶叶温度、湿度和发酵度，从而达到外形内质统一。发酵师需要每日观察茶堆情况，一般来说每7天需翻堆一次，整个发酵过程中进行4～6次翻堆。

• **开沟通风**　当茶堆出现陈香，达到目标状态后，在茶堆中挖出一条条沟壑以通风散热，此时发酵进程进入结束阶段。采用室内发酵堆开沟进行通风干燥，当含水量低于12%时，即可起堆进行分筛、分级、装袋、入库贮存。

**4 · 静养**

刚起堆的茶还有少部分燥感，因此茶在分筛后通常还需静养3～6个月才会进行压制，静养后的茶品质更为醇和顺滑。

干毛茶加水后发酵形成普洱熟茶，茶叶色泽褐红，产生特殊的陈香味，滋味变得醇和。

毛茶

开沟通风

成品茶（熟茶）

### （四）普洱茶的分类

**1 · 按生熟分**

（1）**生普**　是以云南晒青大叶种毛茶为原料，蒸压成型，经时间陈化之后干茶叶底由青绿、墨绿、黄绿乃至黄褐色。新茶汤色以黄绿、金黄为主，陈茶为红黄或褐栗色。香气馥郁，滋味鲜爽，回甘强烈。

生普

（2）**熟普**　是由云南大叶种晒青毛茶经过后发酵而成的。由于茶多酚在高温高湿的环境中，进行了缓慢、复杂的变化，形成了熟普独特的色、香、味。熟普叶底呈暗棕色，汤色红浓明亮，滋味醇和，具有独特的陈香。

熟普

**2 · 按形状分**

普洱茶按照成形可以分为"散茶"和"紧茶"两类。

（1）**散茶**　经过发酵后的熟茶，色泽褐红，汤色红浓明亮，滋味醇厚柔滑，叶底红褐，具有独特的陈香。散茶分为12个等级，主产云南勐海、下关。

（2）**紧茶**　可以分普洱沱茶、紧茶、七子熟饼、砖茶等，均属后发酵茶。

• **沱茶**　外形呈碗状。色泽褐红，茶汤红浓醇香，滋味醇和回甜。成品有100克、250克两种。

• **砖茶**　后发酵晒青毛茶，原为心脏形，称"牛心茶"，每个重250克；后增

散茶　　　　　　　　　　　沱茶

加"砖片形"，净重250克。紧茶外形光滑整齐，色泽乌润，有白毫，香气纯正，滋味醇，浓汤色橙红，主产于云南下关。

• **饼茶** 形似圆月，又称圆茶，外形圆整，显毫，汤色红，味醇和，有特殊"陈味"。

砖茶　　　　　　　　　　　　饼茶

**黑茶的茶汤**

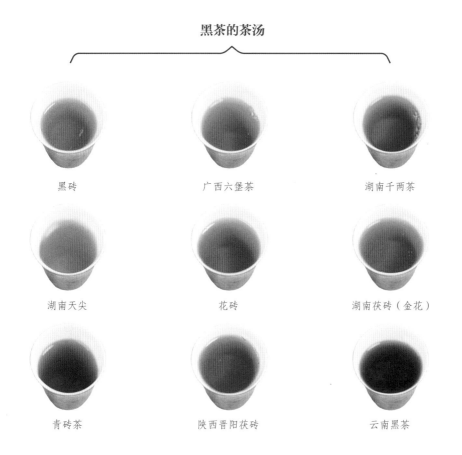

| | | |
|---|---|---|
| 黑砖 | 广西六堡茶 | 湖南千两茶 |
| 湖南天尖 | 花砖 | 湖南茯砖（金花） |
| 青砖茶 | 陕西晋阳茯砖 | 云南黑茶 |

# 黑茶的冲泡技法

　　黑茶种类丰富，冲泡的技法根据不同的产区、海拔、树龄、存放时间、原料等各种因素也稍有不同。泡茶水温100℃为宜，茶水比例1∶18～1∶21为佳，水柱直径为0.8～1厘米，注水倾斜角度为30°～60°。

### 1 · 温器

　　执壶在主泡器4点钟方向逆时针沿着主泡器边沿环绕一圈，极点收水，让水的温度里外润透器皿，提升茶香。

**2 · 投茶**

温器后根据茶水比例投入相应的茶量，茶水比例以1：18～1：21为佳。

**3 · 注水**

执壶在4点钟方向定点注水，轻缓注水至七分满，随即逆时针方向环绕一圈，极点收水，做到一气呵成，让茶叶充分浸润。轻缓注水更能激发普洱茶饱满醇厚的茶韵。执壶高度为5厘米，水柱直径为8毫米，执壶倾斜角度为30°～60°。

**4 · 润茶**

润茶时间8秒。润茶可使茶水香融，促进叶片舒展，使茶叶的内含物质与香气更好地释放。

**5 · 第一道出汤**

立即出汤。

# 白茶

第四章

## 白茶的概述

白茶是六大茶类之一，属轻发酵茶。制作工艺一般只有萎凋、干燥两道，因未经揉捻，茶叶冲泡后，芽叶完整而舒展，香味醇和，但汤色较浅。主产于福建福鼎、建阳、政和、松溪等地。包括"白芽茶""白叶茶"两类。著名白茶品类有白毫银针、白牡丹、贡眉等。

### 一·白茶的历史文化

白茶发源于福建福鼎，表面满披白色茸毛，是由宋代银丝水芽演变而来。明代田艺蘅《煮泉小品》载有类似白茶的制法："芽茶以火作者为次，生晒者为上"。闻龙在《茶笺》中也引述芽茶制法以"生晒不炒不揉者为佳"。据《福建地方志》和张天福先生《福建白茶的调查研究》中记载，白茶由福鼎创制于清嘉庆元年，当时以"福鼎菜茶"的壮芽为原料，制成银针（土针），1857年福鼎培育出大白茶新品种，1885年制成白毫银针。1870年左右，福建水吉以水仙茶制白茶并首创"白牡丹"，1880年政和开始制银针，1922年制成白牡丹。

## 二·白茶的品质特征

| 白茶 | 发酵程度 | 轻发酵 |
|---|---|---|
| | 工艺 | 萎凋—干燥 |
| | 原料 | 白茶多用细嫩的大白茶芽叶为原料，单芽、一芽两叶、一芽多叶 |
| | 色泽 | 外表为白毫所披覆，呈银白、褐色 |
| | 形状 | 芽叶挺直肥壮、芽叶连枝成朵、叶态自然 |
| | 香气 | 毫香蜜韵，荷叶香，枣香 |
| | 汤色 | 浅黄色或浅白、清澈明亮、浅黄或浅杏、黄澈明亮 |
| | 滋味 | 鲜甜醇酸、花果味足、鲜甜度持久、清甜醇酸、甘甜持久 |
| | 叶底 | 肥壮、软嫩、明亮、芽心肥、叶张肥嫩 |
| | 性质 | 茶性寒凉 |

## 三·白茶的功效

白茶性寒凉，属轻发酵茶，其工艺不炒不揉，茶叶细胞壁未遭到破坏，在后期存放中内含物质慢慢发生转化，寒气逐渐散去。

白茶具有清热解毒、降火、清虚火、润肺理气、降燥的功效，有良好的抗氧化功能，白茶中的黄酮类化合物在加工中较好地保留下来，因而具有明显的降低血管堵塞的功效，也有一定的解酒功能。

白茶煮饮方法及特殊功效：

**方法❶** 向清水中投入白茶，陈3年以上为佳，煮制3分钟至浓汁滤出，待凉至70℃时添加大块冰糖或蜂蜜趁热饮用，这样的白茶水口感醇厚奇特，常用于治疗嗓子发炎、牙疼、发烧、水土不服。

**方法❷** 水沸时投入适量5年以上陈白茶与陈皮，慢火煎煮3分钟，待凉至60℃左右时饮用，可清热解毒，解表润燥，健脾开胃，祛湿化痰。

### 四 · 白茶的储存

白茶的储存环境要求低氧、低温、低湿和避光。

轻发酵的白茶可以常温存放。仓储环境需通风透气无异味，若长期存放，可用牛皮纸锡袋装箱储存，储茶的环境也应根据四季天气开窗通风换气，保持空气流通，有活性。

白茶储存的时间不同，其香气是不一样的。一般新白茶独有一种"毫香蜜韵"，类似于豆浆的香味。存放2～3年后往往出现"荷叶香"，5年后有清甜花香，细嗅下陈香出现。而伴随着储藏时间的推移，会呈现出枣香，乃至发展成为一种舒适的"药香"；其滋味变得醇厚饱满，入口也更加顺滑，甜度、黏稠度也会逐渐增加。

## 白茶的制作工艺

传统白茶制法只有萎凋、干燥两道工序。萎凋过程是形成白茶品质的关键，伴随着长时间的萎凋，鲜叶发生一系列的化学变化，形成遍披银毫，香气清鲜，滋味甘爽，汤色黄亮的品质特征。

### 一 · 开青

茶青采回来后即薄摊在水筛上，称"开青"。根据筛面大小摊青，一般每筛250克茶青，要求摊得均匀，不可重叠，因为重叠的部分会变黑。生晒中，避免阳光直射，不可翻动茶青避免损伤红变。

## 二·萎凋

萎凋使鲜叶失去一部分水分，随着水分的散失，叶细胞浓度变大，细胞膜透性发生改变，水解酶和多酚氧化酶等被激活，使得内含物质发生一系列的反应，从而形成了白茶特有的品质特征。

## 三·干燥

干燥的目的主要是为了除去水分，增加香气和滋味。在高温作用下，挥发低沸点香气，叶片内糖、氨基酸、多酚类物质互相作用，形成白茶的品质特点。

# 白茶的分类

白茶的制作工艺不炒不揉，具有汤色微黄、芽叶满披白毫的品质特征。白茶的分类方式有四种：按品种分类可以分为白芽茶、白叶茶两类；按茶树品种分类，可以分为福鼎大白茶、政和大白茶；按鲜叶等级分类，可以分为白毫银针、白牡丹、贡眉（寿眉）；按工艺分类可以分为新工艺白茶和云南白茶。

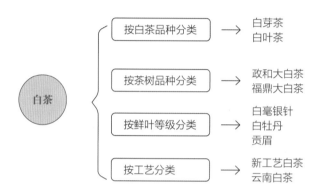

白茶 按白茶品种分类 → 白芽茶 白叶茶

按茶树品种分类 → 政和大白茶 福鼎大白茶

按鲜叶等级分类 → 白毫银针 白牡丹 贡眉

按工艺分类 → 新工艺白茶 云南白茶

## 一·按白茶品种分类

白茶品种包括白芽茶和白叶茶两类。

### 1·白芽茶

白芽茶是用大白茶或其他茸毛特多品种的肥壮芽头制成的白茶，产于福建的福鼎、政和、建阳等地，浙江泰顺也有少量生产，白芽茶的典型品种是"白毫银针"。

白芽茶（白毫银针）

### 2·白叶茶

白叶茶是用芽叶茸毛多的品种制成的白茶，采摘一芽二三叶或单片叶，经萎凋、干燥而成。外形松散，叶背银白，汤色浅黄澄明，主产于福建福鼎、政和、建阳等地。白叶茶的主要品类有白牡丹、贡眉。

白叶茶（贡眉）

## 二 · 按茶树品种分类

适合制作白茶的茶树品种有福鼎大白茶、福鼎大毫茶、政和大白茶、福安大白茶、福云595、福云20。

### 1 · 福鼎大白茶

福鼎大白茶是小乔木型茶树品种，叶片相对偏小，属于中叶型，早生种，具有繁殖力强、成活率高、产量大的特点，是福建省的主栽品种之一，也是重要的经济型茶树品种。

福鼎大白茶分枝较密，节间尚长，鲜叶侧脉明显，锯齿较整齐，叶肉略厚、偏软，芽头洁白肥壮，茸毛多。

### 2 · 政和大白茶

政和大白茶是原产于福建政和的茶树品种，也是制作政和白茶的传统品种。该品种属小乔木型，发芽期迟，停止生长较早，生长期短，分枝少，节间长，叶片肥厚，色泽浓绿或黄绿，具光泽，叶脉明显，锯齿粗而深。

政和大白茶制作的白茶以芽肥壮、味鲜、汤厚为特色，冲泡滋味纯正、醇厚、甘甜、有豆香。

## 三 · 按鲜叶等级分类

按照鲜叶采摘等级不同及加工工艺的差异，福建白茶主要分为白毫银针、白牡丹、贡眉（寿眉）白茶三种。

### 1 · 白毫银针

白毫银针由大白茶树的嫩芽"抽针"制成，简称银针，又称白毫，因其白毫密披、色白如银、外形似针而得名，其香气清新，汤色淡黄，滋味鲜爽，是白茶中的极品，素有"茶中美女""茶王"之美称。福鼎银针，也称"北路银针"；政和银针，也称"南路银针"。

**香味：** 毫香，豆浆香

**滋味：** 清甜，鲜爽

白毫银针

### 2·白牡丹

白牡丹因其绿叶夹银白色毫心，形似花朵，冲泡后绿叶托着嫩芽，宛如蓓蕾初放，故得美名。白牡丹是采自大白茶树或水仙种的短小芽叶新梢的一芽一二叶制成的，是白茶中的上乘佳品。

**香味：** 清香，毫香蜜韵

**滋味：** 甘甜，醇正

白牡丹

### 3·贡眉

贡眉，也称为寿眉，是白茶中产量最高的一个品种，其产量占到白茶总产量的一半以上。它是以菜茶茶树的芽叶制成，这种用菜茶芽叶制成的毛茶称为"小白"，以区别于福鼎大白茶、政和大白茶茶树芽叶制成的"大白"毛茶。以前，菜茶的茶芽曾经被用来制作白毫银针等品种，但后来则改用"大白"来制作白毫银针和白牡丹，而"小白"就用来制造贡眉了。

贡眉

**香味：** 荷香，清香

**滋味：** 醇和，甘甜

贡眉的产区主要位于福建省的建阳，在建鸥、浦城等地也有生产。制作贡眉的鲜叶的采摘标准为一芽二叶至一芽三叶，采摘时要求茶芽中含有嫩芽、壮芽。贡眉的制作工艺分为初制和精制，其制作方法与白牡丹茶的制作基本相同。优质的贡眉成品茶毫心明显，茸毫色白且多，干茶色泽翠绿，冲泡后汤色呈橙黄色或深黄色，叶底匀整、柔软、鲜亮，叶片迎光看去，可透视出主脉的红色，品饮时感觉滋味醇爽，香气鲜纯。

寿眉是用采自银针留下的单片和短小芽片制成的白茶。通常，"贡眉"是表示上品的，其质量优于寿眉，一般只称贡眉，而不再有寿眉。

## 四·按工艺分类

### 1·新工艺白茶

新工艺白茶简称新白茶，是按白茶加工工艺，在萎凋后加入轻揉制成。新工艺白茶是原中国茶业公司福州分公司（现福建茶叶进出口有限责任公司）和福鼎有关茶厂为适应港澳市场的需要，于1969年研制的一个新产品，现在已远销欧盟、东南亚及日本等多个国家和地区。

新工艺白茶原料选用一芽二三叶茶青，在传统白茶工艺中加轻揉捻工序，叶张略有缩褶，呈半卷条形，色泽暗绿略带褐色。

新白茶

### 2 · 云南白茶

云南白茶产自于云南各大茶区，历史悠久，由清朝开始，已有贡茶史料记载，但是一直未有白茶完整的工艺记录与权威机构的认证，直至2019年，勐海政府申请了地方标准。云南白茶采用勐海县辖区的云南大叶种鲜叶，经萎凋、干燥、剔拣、压制（或散茶）、包装等特定工艺制成白茶。花香馥郁，滋味清醇甘甜，煮泡后茶汤细腻柔滑，口感饱满，醇香无比，沁人心脾。

云南白茶

云南白茶因所选原料属于大乔木或中小乔木类，口感相比福建白茶更加醇厚饱满，香醇甜润。

云南古树白茶，形状奇异，上片白、下片黑，如月光照在茶芽上，汤色由金黄转深黄、红黄、枣红。冲泡后，清雅花香四溢，入口甜润，煮饮风味更佳。值得品尝和收藏的上乘佳品。

## 白茶的冲泡技法

白茶中比较常见的有福建的政和、福鼎白茶和云南白茶。白茶茶叶满披白毫，在制作工艺上没有揉捻的步骤，在冲泡技法上有一定的要求，润茶时须把茶叶润透。如冲泡的技法不恰当，茶叶不能润透，则香淡茶寡。泡茶水温85～100℃为宜，茶水比例1：23为佳，执壶高度5厘米，水柱直径0.5～1厘米，润茶出汤时间5秒。因白茶工艺的特殊性，不炒青、不揉捻。由于白茶有新茶陈茶之分，有等级之分，年份不同，等级不同，泡茶的温度也各不相同。

冲泡当年的新白茶和白毫银针水温不宜太高，泡茶水温85℃，水温太高茶汤的鲜爽度会下降，青味会更加明显，涩味也会加重，且注水时热水不可直冲茶芽，应当沿杯（或壶）壁注水。白牡丹一芽一二叶，旗枪兼具，茶芽细嫩纤巧，茶叶粗犷豪放。水温不可过低，低则茶味难出，水温若是太高，则又会伤及茶芽，所以，白牡丹的冲泡温度，最好控制在90～95℃。贡眉或寿眉，其形粗放，茶汤深红美艳，其滋味醇厚浓郁，冲泡时，水温可在95～100℃，浸泡时间宜长。

云南乔木古树白茶因生长周期长，生态环境好，内涵物质丰富，经过长时间的存放，陈茶中各类物质变得醇和，高温冲泡口感更加醇滑饱满。冲泡水温在100℃，5泡之后可用银壶煮饮风味更佳。

### 1 · 温器

首先准备好相应的器具。新白茶用盖碗泡饮，老白茶用壶泡饮或煮饮。

执壶在主泡器4点钟方向逆时针沿着主泡器边沿环绕一圈，极点收水，让水的温度里外润透器皿，此技法可提升器皿温度。达到醒茶、提升干茶香气及祛除仓味的功效。

**2 · 投茶**

温器后根据茶水比例投入适宜茶量，茶水比例为1∶23为佳。

**3 · 注水**

执壶在4点钟方向逆时针沿着茶叶环绕一圈，极点收水，让茶叶充分浸润，执壶高度为5厘米，水柱直径为5毫米~1厘米，注水倾斜角度为20°~45°，缓慢注泡更能体现白茶香甜绵滑的口感。

**4 · 润茶**

润茶时间为8秒，茶汤弃之不饮。润茶可使茶水相融，促进叶片舒展，使茶叶的内含物质与香气更好地释放出来。

**5 · 第一道出汤**

立即出汤。

# 青茶

# 第五章

## 青茶的概述

青茶也称"乌龙茶",是半发酵茶,是六大茶类之一。经晒青、晾青、摇青、炒青、揉捻、烘焙制成。色泽青褐,汤色呈金黄、橙黄、橙红色,叶色通常为绿叶红镶边,有浓郁的花香。乌龙茶主产于福建、广东、台湾,按地域特征有闽北乌龙茶、闽南乌龙茶、广东乌龙茶和台湾乌龙茶之分。

### 一 · 青茶的历史文化

宋元时期,当时的贡茶一直为龙凤团茶,但到了明朝,由于明太祖朱元璋觉得龙凤团茶工艺繁复,徒耗民力,因而下令罢贡,龙凤团茶也随之消失。不过此段时期后,中国的茶业仍在发展。一方面是云南茶马古道上普洱茶的运送川流不息;另一方面,诸如龙井、碧螺春之类的炒青绿茶开始崛起。

青茶起源于福建,而后由福建传入台湾和广东。清代僧人释超全(俗名阮旻锡)在《武夷茶歌》中形象地描述了当地茶的制作,据考证为青茶制作技术的记载,从而证明了明末清初福建武夷山即创制了青茶。

青茶（乌龙茶）是六大茶类中最后出现的茶类，青茶的出现形成了我们现在完整的"六大茶类"。

## 二·青茶的品质特征

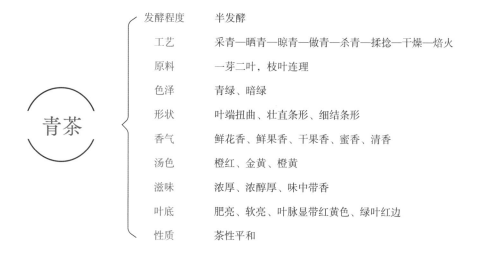

| 青茶 | | |
|---|---|---|
| | 发酵程度 | 半发酵 |
| | 工艺 | 采青—晒青—晾青—做青—杀青—揉捻—干燥—焙火 |
| | 原料 | 一芽二叶，枝叶连理 |
| | 色泽 | 青绿、暗绿 |
| | 形状 | 叶端扭曲、壮直条形、细结条形 |
| | 香气 | 鲜花香、鲜果香、干果香、蜜香、清香 |
| | 汤色 | 橙红、金黄、橙黄 |
| | 滋味 | 浓厚、浓醇厚、味中带香 |
| | 叶底 | 肥亮、软亮、叶脉显带红黄色、绿叶红边 |
| | 性质 | 茶性平和 |

## 三·青茶的采摘

青茶（乌龙茶）的最佳采摘时间是春季与秋季。春季3月下旬到5月中旬，温度适中，雨量充分，再加上茶树经过了冬季的休养生息，使得春季茶芽肥硕、色泽翠绿、叶质柔软、香高水甜。秋季8月中旬，气候条件介于春夏之间，茶树经夏季生长休眠，新梢芽内含物质相对减少，叶色稍黄，滋味香气显得比较平和。

## 四 · 青茶的功效

青茶因特殊的做青工艺，芳香物质含量较高，可使品茶者心情愉悦，有助于调节情绪舒缓心情，青茶属半发酵茶，茶叶在发酵过程中释放大量的青寒气，故茶性平和，若在制茶工艺中运用传统的炭焙工艺则茶性平和转温和，对于现代大多数湿寒体质的人而言，常饮此类青茶有助于祛除体内湿寒，提高身体的免疫力。

## 五 · 青茶的储存

青茶的储存环境要求低氧、低温、低湿和避光。

青茶可以常温储放，仓储环境需通风透气无异味，储茶的环境也应根据四季天气开窗通风换气，保持空气流通，更有活性。茶叶的含水量适中，可用牛皮纸锡袋存放在陶瓷或紫砂缸内，若存放得当，可自然转化成老乌龙，滋味更纯正。闽南乌龙茶也可存放冰箱保鲜，风味更佳。

## 青茶的制作工艺

青茶（乌龙茶）的制作工艺概括起来可分为：鲜叶（采青）、萎凋、做青、炒青、揉捻、干燥等。工艺特点是闽北乌龙重萎凋、轻摇青，发酵较重；闽南乌龙轻萎凋、重摇青，发酵较轻。广东乌龙接近闽南乌龙；台湾乌龙发酵较重。由于萎凋、做青工艺不同，产地有所不同，形成的青茶品质也有差异。

## 一 · 鲜叶（采青）

青茶对鲜叶有特殊的要求标准，采摘要求鲜叶有一定的成熟度，一般以嫩梢全部开展、形成驻芽时最好，俗称"开面叶"。采摘标准一芽二叶，枝叶连理，大都是对口叶，芽叶已成熟。运用骑马采手法采摘。

## 二 · 萎凋

鲜叶采摘完，进厂以后，要按照不同的品种、嫩度、采摘时间和产地分摊摊放，并均匀地摊放在水筛内。萎凋的方式主要有晒青和热风萎凋两种方式。

### 1 · 晒青

晒青是萎凋的最佳方式，它是利用光能与热能，提高叶温，促进鲜叶适度蒸发水分，使叶质柔软，叶细胞基质浓度提高，提高酶的活性，同时青气减退，香气显露等，为做青做准备的过程。

### 2·热风萎凋

热风萎凋是为了解决阴雨季节无法晒青的问题，采用热风萎凋槽、热风萎凋机或人工光源热风萎凋机进行。

萎凋（晒青）对青茶品质影响很大，是做青的基础，也是决定摇青的轻重和晾青时间长短的重要技术指标。萎凋是鲜叶蒸发部分水分，使叶质柔软，便于摇青，同时提高叶温，有利于化学变化，如叶绿素的破坏、青气减弱、香气显露等。不经萎凋的成茶青气重，味苦涩，汤色偏暗，品质差。

## 三·做青

做青是青茶制作的重要工序，一般分为人工做青和机械做青两种。乌龙茶的特殊香气和绿叶红镶边就是做青过程中形成的。萎凋后的茶叶置于摇青机中摇动，叶片互相碰撞，擦伤叶缘细胞，从而促进酶促氧化作用。摇动后，叶片由软变硬。再静置一段时间，氧化作用相对减缓，使叶柄叶脉中的水分慢慢扩散至叶片，此时鲜叶又逐渐膨胀，恢复弹性，叶子变软。

经过如此有规律的动与静的过程，茶叶发生一系列生物化学的变化。叶缘细胞被破坏，发生轻度氧化，叶片边缘呈现红色；叶片中央部分，叶色由暗绿转变为黄绿，即所谓的"绿叶红镶边"。同时，水分的蒸发和运转，有利于香气、滋味的发展。

## 四 · 炒青

青茶的内质已在做青阶段基本形成，炒青是承上启下的转折工序，它像绿茶的杀青一样，主要是为了抑制鲜叶中酶的活性，控制氧化进程，防止叶子继续红变，固定做青形成的品质。其次是低沸点青草气的挥发和转化，最终形成馥郁的茶香。同时通过湿热作用破坏部分叶绿素，使叶片黄绿而亮。此外，还可挥发一部分水分，使叶子柔软，便于揉捻。

## 五 · 揉捻

通过揉捻，使叶片揉破变轻，卷转成条，体积缩小，且便于冲泡。同时部分茶汁挤溢附着在叶片表面，对提高茶的滋味浓度也有重要作用。

## 六 · 干燥

干燥可抑制酶促氧化，蒸发水分和软化叶子，并起到热化作用，消除茶叶中的苦涩味，使滋味更加醇厚。

## 七 · 焙制工艺

### 1 · 炭焙

炭焙是利用燃烧木炭的发热方式产生热度，将适量茶叶（2千克）放置于焙笼内烘焙，并定时翻动焙笼内的茶叶，翻动的时间以温度为准。如广东乌龙茶温度达到110℃则5～6个小时翻动一次，温度达到120℃则3～4个小时翻动一次，增加茶叶的受热面积，达到平均受热；闽北乌龙茶温度达到110℃则6～8个小时翻动一次，温度达到120℃则5～6个小时翻动一次，并且应防止温度过高影响茶叶品质。

木炭烘焙，更易散发干茶水分，更适合长期存放，在炭的选择上应选用无杂味的实心炭，若是木炭质量不好，燃烧之后，会产生杂味、烟熏味，茶叶就会一并吸收，所烘焙出来的茶质就更差了。

### 2 · 电焙笼烘焙

以插电方式，利用电炉所产生的电热能，经过加温来调节温度，其余的步骤与木炭烘焙方式相同，也是必须随时翻动焙笼内的茶叶，才能使茶叶受热平均，但火力不足，比较适合烘焙清香的口味（轻焙火）的茶。电焙笼焙茶确实改善了木炭烘焙过程中的很多缺点，如时间、温度、定温等问题，节省了不少人力。

### 3 · 烘茶机

用烘茶机烘焙时，将茶叶均匀放置于机器内各层的架子里，利用定时、定温的方式来焙茶。烘茶机与电焙笼最大的差别就是烘茶机是封闭空间，利用进气口来吸收新鲜空气，排气口来排除多余热度，机器内部两侧的气孔能使上层与下层的茶叶平均受热，并依照所需要的温度及时间，两者相互配合控制，才能够完全地烘焙，不过烘茶机也有缺点，机器还需再经过改良才能克服。

# 青茶的分类

　　青茶（乌龙茶）由特殊的晾青、摇青等工艺形成青茶黄汤绿叶红边的品质特征。青茶分为闽北乌龙茶、闽南乌龙茶、广东乌龙茶、台湾乌龙茶。

## 一·闽北乌龙茶

青茶（乌龙茶）起源于福建，出产于福建北部武夷山一带的青茶都属于闽北乌龙茶，主要有武夷岩茶和闽北水仙，以武夷岩茶最为著名。

武夷山位于福建省武夷山市西南，山多岩石。武夷山是由三十六峰、九十九岩及九曲溪组成，具有独特的微域气候。茶树生长在岩凹、石隙、石缝等构筑的"盆栽式"茶园里，有着"岩岩有茶，非岩不茶"的说法，

独具"岩韵"。唐代茶圣陆羽所著《茶经》中论述茶叶的产地"上者生烂石，中者生砾壤，下者生黄土"，即讲述了地貌与茶叶质量等级的关系，这一关系也在武夷岩茶中很好地体现。武夷山产茶历史悠久，从武夷山上采制的青茶叫作武夷岩茶，是闽北地区茶叶品质最优的品种，依据茶树生长地区的地貌又分为正岩茶、半岩茶和洲茶。其中最好的是以紫色沙砾岩为主的正岩产区，属丹霞地貌；其次是以红色硅铝质土为主的半岩产地，介于丹霞地貌和河谷地貌的过渡区；最后是以河流冲积黄土为主的洲茶茶地，大多属于河谷地貌。

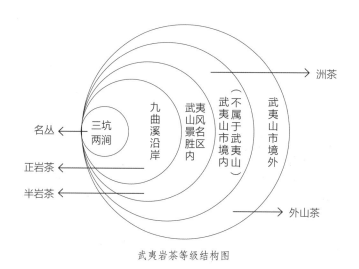

武夷岩茶等级结构图

闽北乌龙茶是以武夷岩茶为代表的四大青茶之一，主要产自崇安、建瓯、建阳等地。闽北乌龙茶产品有武夷岩茶、闽北水仙、闽北乌龙。

**1·武夷岩茶**

武夷岩茶习惯上也称"奇种"，有单丛奇种、名丛奇种之分。单丛有奇兰、铁观音、梅占、肉桂、雪梨、桃仁、毛猴等；名丛有传统的四大名丛，包括大红袍、铁罗汉、白鸡冠、水金龟，以及新十大名丛，大红袍、铁罗汉、白鸡冠、水金龟、半天腰、白牡丹、金桂、金锁匙、北斗、白瑞香。

**（1）武夷大红袍** 条索紧实，色泽绿褐润，香气馥郁芬芳似桂花香，滋味醇厚回甘，"岩韵"显，是武夷岩茶之珍品。抗旱、抗寒性较强。

武夷大红袍

**（2）武夷肉桂** 外形壮结，叶端稍扭曲，色泽绿褐泛黄带砂绿，油润，部分叶背有青蛙皮状小白点；香气浓郁且辛锐。有桂皮味，滋味醇厚，回甘，"岩韵"显，汤色橙黄明亮，叶底黄亮，红点鲜明，绿叶红镶边。

武夷肉桂

**（3）武夷水仙** 外形肥壮紧结，叶端稍扭曲，色泽绿褐或青褐油润带"宝色"，砂绿明显，香气浓郁，似兰花香，滋味醇厚甘爽、滑润，"岩韵"显，汤色橙红明亮，叶底黄亮柔软，叶蒂宽、扁、黄，绿叶红镶边。

武夷水仙

**2·闽北水仙**

水仙属于小乔木大叶类品种，品质特点为外形条索较紧结重实，色泽乌润或砂绿蜜黄，呈"蜻蜓头，青蛙腿"状；内质香气浓郁，具兰花香气，汤色清澈橙黄，滋味醇厚，鲜爽回甘，叶底肥软黄亮，红边鲜艳。

**3·闽北乌龙**

外形条索细紧重实，叶端扭曲，色泽乌润，内质香气清高细长，汤色清澈金黄，滋味醇厚鲜爽，柔软匀整，叶底绿叶红边。

## 二 · 闽南乌龙茶

闽南乌龙茶创制于1725年（清雍正年间）前后，是福建安溪茶人由闽北北苑茶的基础上研制而来。

闽南乌龙茶指产于福建南部的乌龙茶，主要品类有铁观音、黄金桂、闽南水仙、永春佛手以及闽南色种。闽南乌龙茶最具有代表性之一的茶品：铁观音。"铁观音"既是茶名，也是茶树品种名。铁观音独具"观音韵"，清香雅韵，冲泡后有天然的兰花香，滋味纯浓，香气馥郁持久，有"七泡有余香"之誉。其品质特征是：茶条卷曲，肥壮圆结，沉重匀整，色泽砂绿，整体形状似蜻蜓头、螺旋体、青蛙腿。冲泡后汤色金黄浓艳，有天然馥郁的兰花香，滋味醇厚甘鲜，俗称有"音韵"。

闽南乌龙茶产地有安溪、永春、南安、同安等地，品种包括铁观音、黄旦、色种、乌龙等，以铁观音种植面积最大。闽南乌龙茶因品种不同而各显特色。

**1·铁观音**

铁观音既是品种名称又是产品名称，色绿、清香、鲜甜，回甘微带蜜味，有"美如观音，重如铁"的美誉。

**2·黄金桂**

汤色金黄且具桂花香，香气优雅鲜爽，叶底柔软黄绿明亮，叶边朱红。

**3·闽南色种**

色种为青茶中除铁观音、黄金桂以外其他品种的统称，包括水仙、奇兰、本山、毛蟹、梅占等。

## 三·广东乌龙茶

广东乌龙茶主要产于广东潮汕地区，代表性茶叶品种有原产于广东省潮州市潮安区凤凰山的凤凰单丛与饶平县的白叶单丛。《潮州府志》记载，凤凰单丛茶始于南宋末年，已有700多年历史。凤凰山现存树龄200年以上的古老茶树有3700多株，其中一株"宋茶"已有900多年的树龄。

清康熙年间饶平县令郭于藩巡视凤凰山，鼓励种茶。清同治、光绪年间（1875—1908），茶农从数万株古茶树中，选育出优异单株并加以分离培植，实行单株采摘，单株制茶，单株销售，"单丛茶"由此出现。由于发源于潮州凤凰山，得名"凤凰单丛茶"。"凤凰单丛茶"得名距今已有170多年历史。

**1·广东乌龙茶的特征**

广东乌龙茶代表产品有凤凰单丛、岭头单丛、石古坪乌龙，其中以凤凰单丛最为著名。基本特征条索肥壮紧结、重实，色泽褐似鳝皮色，油润有光，内质香气清高，有天然的花蜜香，汤色清澈明亮，滋味浓而鲜爽回甘，耐冲泡，叶底肥厚柔软，绿腹红边，山韵突出。凤凰单丛有十大香型，其中有黄枝香、蜜兰香、桂花香……，具有"茶中香水"的美誉。单丛茶的丛字有特殊的意义，"丛"与"株"在潮汕话里同音，故单丛茶里的"丛"并不是"枞"。

广东乌龙茶根据原料优次、制作工艺的不同和品质可以分为凤凰单丛、凤凰浪菜、凤凰水仙三个品级。

### 2 · 广东乌龙茶品种分类

广东乌龙茶在发展过程中，20世纪70年代曾经大范围引种过福建的一些茶树品种，如梅占、毛蟹、奇兰等，这些色种类茶树品种，虽然适应性好，有产量，但品质很难上档，至20世纪80年代已基本弃用，被嫁接换种，换成本土茶树良种。本土茶树良种的优势：一是与当地的自然环境长期磨合，互为相融，长势更好；二是最能体现潮州传统茶类的品质特色。

广东乌龙茶应用的茶树品种全部是本土品种，茶树良种率95%以上，无性系良种率90%左右。有国家级茶树良种2个（凤凰水仙、岭头单丛），省级茶树良种5个（石古坪乌龙、铺埔白叶单丛、凤凰黄枝香单丛、凤凰八仙单丛、凤凰大乌叶单丛）。

（1）**凤凰水仙**　广东乌龙茶有700多年的历史，凤凰水仙是潮州茶叶几百年来传承发展的脉源。它是产于广东潮安凤凰乡的条形乌龙茶类。宋《潮州府志》载："潮州凤山茶，亦名侍诏茶。"采摘水仙茶树鲜叶，经晒青、晾青、做青（碰青或摇青）、炒青、揉捻、烘焙制成。分单丛、浪菜、水仙（又称中茶）三个级别。有天然花香蜜韵，滋味浓、醇、爽、甘，耐冲泡。

凤凰水仙

（2）**岭头单丛**　岭头单丛是产于广东饶平的条形乌龙茶，其发源于饶平县岭头村海拔1032米的双髻娘山，于1961年研制。春茶采摘时间为每年3月20日至4月5日前后。采摘岭头单丛鲜叶，经晒青、做青、杀青、揉捻、初焙、包揉、二焙、足干制成。分特级、一至三级。外形稍弯，黄褐似鳝鱼皮色。花蜜香高，醇爽回甘，蜜韵浓，汤色橙黄明亮，叶底黄腹朱边柔亮。

岭头单丛

（3）**凤凰单丛**　凤凰单丛产于广东潮安凤凰乡乌岽山茶区的条形乌龙茶。因选用树形高大的凤凰水仙群体品种中的优异单株单独采制而得名。有80多个品系，如黄枝香、肉桂香、芝兰香、杏仁香、茉莉香、通天香等。鲜叶采摘一般在下午进行，不采露水叶、雨水叶。经晒青、晾青、做青、杀青、揉捻、烘焙制成，分一至三级。挺直肥硕，黄褐似鳝鱼皮色，有天然优雅花香，滋味浓郁、甘醇、爽口，具特殊山韵蜜味，汤色清澈似茶油，叶底青蒂绿腹红镶边，耐冲泡。

凤凰单丛

❶ 凤凰单丛的分类：

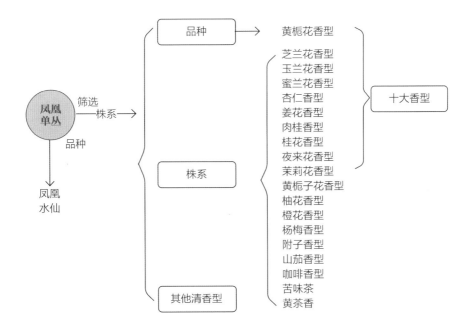

❷ 凤凰单丛的香型：

❸ 凤凰单丛的分级标准：凤凰单丛一般分为特级单丛、一级单丛、二级单丛和三级单丛。

**特级单丛：**外形条索紧结匀整，色泽油润，自然花香香气清高、细锐持久，汤色金黄，明亮清澈，滋味醇厚爽适，回甘持久，叶底软亮。

**一级单丛：**外形条索紧结匀整，色泽油润，花香香气清高持久，汤色金黄明亮，滋味醇厚适口，回甘持久，叶底软亮。

**二级单丛：**外形条索尚紧结，较匀整，色泽尚油润，香气尚清高，汤色橙黄，滋味浓醇尚爽、有回甘，叶底花杂尚软亮。

**三级单丛：**外形条索欠紧结，不匀整，色泽欠油润，香气较低沉，汤色橙红，滋味浓厚带涩、有回甘，叶底暗带花杂。

❹ 凤凰单丛的品质特点

**外形：**条索紧结重实、色泽乌褐（或黄褐、灰褐）润泽。

**香气：**香气清高，持久，细锐，各种不同香型具各种不同的香气。

**汤色：**汤色金黄或橙黄、橙红明亮。

**滋味：**滋味甘醇，鲜爽适口，回甘力强，耐冲泡。

**叶底：**叶底软亮匀齐，带红镶边。

❺ 凤凰单丛的命名

**根据茶树的特征命名，**即以单丛茶树的树形、叶形、叶色的三种特征类型命名。

**树形：**大丛茶、娘仔伞、鸡笼"刊"、雨伞茶等。

**叶形：**杨梅叶、团树叶、油茶叶、竹叶、仙豆叶等。

**叶色：**大乌叶、乌叶仔、大白叶、红蒂、金玉兰、金桂花等。

**根据茶叶的品质特性命名，**即根据成茶的香、味、外形特征命名：

**香（成茶冲泡时散发出类似植物花的香气）：**姜花香、桂花香、夜来香、茉莉香、柚花香、橙花香、杨梅香等。

**味（茶汤的滋味）：**杏仁香、肉桂香、香番薯、杨梅香、苦味茶、附子香、桃仁香、大橘香等。

**形（成茶的外形）：**大蝴蜞、大骨贡等。

**根据茶树所处的地名和地方特色命名，**即以地名和地方特色命名的茶树如：塌堀后、雷扣柴、海底捞针等。

**依照茶树的种植人或管理人命名，**按这种方法命名的有忠汉种、佳常种、立民种、向东种、火记种等。

**根据文化特色命名，**即以史实、典故和人物传说命名的茶树，如八仙过海、似八仙、白八仙、老仙翁、宋茶、宋种、兄弟茶、兄弟仔、乃庆、棕蓑挟等。

**借物喻名，**即借用生物、器物命名的茶树，如过江龙、蛤古捞、蛤古、蟑螂翅、鲫鱼叶、锯剁仔、鸟嘴茶、黑蚂蚁、仙豆叶、雷公茶等。

**根据人名或地名、叶形、叶色和香型复式命名，**为了避免同类香型多个品类或株系单丛名称重复而采用的复式命名，用这种命名的有：忠汉种黄栀香、杨梅叶黄栀香、竹叶芝兰香等。

## 四·台湾乌龙茶

据《台湾通史》记载，清朝嘉庆年间柯朝氏将福建乌龙茶茶种以及制茶技术传至台湾，距今已有130多年历史。后经品种改良和技术改进形成具有自己特色的青茶，台湾乌龙茶有包种和乌龙之分，品质特点有所不同，有轻发酵的文山型包种茶和冻顶型包种茶、重发酵的白毫乌龙茶。

台湾包种茶名称源出于福建安溪县，当时用两张方形毛边纸把加工好的乌龙茶包成四两装的四方包，以这种包装方法出售的乌龙茶称之为"包种茶"。台湾包种茶创始于1881年，由福建省茶商在台湾创制。然而，台湾包种茶虽然引用福建包种茶的名称，但其产品已有明显的自身特色。台湾包种茶的最大特点就是发酵程度轻，由于发酵轻，香气清鲜花香明显，汤色金黄，滋味醇爽。根据加工技术方法和外形不同，包种茶又分为条形（如文山包种茶）和半球形（如冻顶乌龙包种茶）两种。

### 1·文山包种茶

主产于新北文山地区，是发酵程度最轻的清香型绿色乌龙茶。其外形紧结呈条状，整齐，色深绿显油光；内质香气清新持久，呈自然花香，汤色蜜黄带绿，清澈明亮，叶底柔软嫩匀绿亮，叶缘锯齿红匀。文山地区是台湾制茶的最早发源地。200多年前，文山地区就种植了近300公顷的茶园。广义的包种茶如凡清茶、香片、冻顶茶、铁观音、武夷茶皆可包含在内；狭义上则单指半发酵型茶，也俗称清茶。而包种茶以新北市文山区所产者为最，故誉为文山包种茶。

### 2·冻顶乌龙包种茶

主产于台湾省南投县，为台湾乌龙茶之珍品。其外形经包揉卷曲成半球形，圆结匀净，白毫显露，色泽翠绿鲜艳有光泽；干茶内质芳香强烈，泡后清香明显，呈自然花果香，高长幽远，汤色蜜黄，清澈明亮，滋味醇爽甘润，带花果味，回韵强，喉韵感好，叶底柔软嫩匀绿亮，叶缘及锯齿一

线红匀。台湾冻顶乌龙是一款台湾有名的包种茶，主产于台湾省南投县鹿谷乡的冻顶山。冻顶山是凤凰山的支脉，海拔700米。冻顶乌龙茶的采制工艺十分讲究，鲜叶为青心乌龙等良种芽叶，经晒青、晾青、摇青、炒青、揉捻、初烘、多次反复团揉（包揉）、复烘、焙火而制成。

### 3·白毫乌龙

主产于台湾省苗栗县以及文山地区。其主要特点是发酵程度为台湾乌龙茶最重的。其外形芽毫肥壮，自然弯曲，白毫显露，呈红、黄、白、绿、褐五色相间；内质香气呈熟果香和蜂蜜香，汤色呈琥珀色杯边现晕，滋味醇和圆滑、带蜜润回甘；叶底嫩匀绿褐红边，芽叶成朵。

## 青茶的冲泡技法

青茶比较常见的有闽南安溪铁观音、闽北乌龙茶（水仙、肉桂、大红袍）、广东单丛、台湾文山包种茶、冻顶乌龙茶、白毫乌龙茶，梨山乌龙茶等。这类茶因工艺特殊性，揉捻时，有些成条形，有些成球形。故冲泡时需悬壶高冲，激荡茶叶，使青茶独特的花香更好地散发。泡茶水温以100℃为宜，茶水比例以1∶15为佳。

### 1 · 温器

首先准备好相应的器具，青茶可选用紫砂壶和盖碗冲泡。执壶在主泡器4点钟方向逆时针沿着主泡器边沿环绕一圈，极点收水，让水的温度里外润透器皿，提升茶香。

### 2 · 烘茶

温器后根据茶水比例取相应的茶量进行焙火。

### 3 · 投茶

将焙完火的茶叶投入壶中，茶水比例以1：15为佳。

### 4 · 淋壶

盖上壶盖淋壶，烘茶冲点，提升茶香，使茶汤滋味更香醇。

### 5·注水

乌龙茶属高香型茶类，冲泡时应悬壶高冲，有利于激荡茶叶，提高茶香。

执壶在4点钟方向悬壶高冲，一气呵成，极点收水，让茶叶充分浸润，高冲注泡更能体现乌龙茶馥郁的香气与醇爽的口感。提壶高度为5~10厘米，水柱直径为1厘米。注水倾斜角度为45°~60°。

### 6·润茶

润茶时间为8秒，茶汤弃之不饮。因润茶可使茶水相融，促进叶片舒展，使茶叶的内含物质与香气更好地释放。

### 7·第一道出汤

立即出汤。

# 红茶

第六章

## 红茶的概述

红茶属于全发酵茶类，其基本工艺过程包括萎凋、揉捻、发酵和干燥。我国红茶种类较多，产地较广，如我国特有的小种红茶、工夫红茶、红碎茶、创新条形红茶。红茶是世界生产和消费最多的一个茶类，约占世界茶叶总产量的70%。

### 一·红茶的历史文化

我国是红茶发源地，16世纪末红茶制法的雏形即已形成，当时的茶人发现可以日晒代替杀青，揉捻后叶色变红，从而产生红茶。17世纪中叶，福建崇安首创小种红茶制法，是最早的一种红茶，正山小种红茶是世界红茶之鼻祖。19世纪，红茶制作工艺不断发展成熟，在小种红茶的工艺基础上，又发明了工夫红茶的制法。

清朝光绪元年（1875），工夫红茶传到了安徽祁门县，因其毛茶加工特别精细，香高味浓而著名，出口量占我国茶叶总产量的50%左右。20世纪20年代印度将茶叶鲜叶切碎加工成红碎茶，我国于20世纪50年代开始试制红碎茶。

## 二 · 红茶的品质特征

茶艺

红茶

| | |
|---|---|
| 发酵程度 | 全发酵 |
| 工艺 | 萎凋—揉捻—发酵—烘干 |
| 原料 | 大叶、中叶、小叶都有，一般是切青、碎型和条形 |
| 色泽 | 乌褐、褐、褐黑、栗褐、暗红 |
| 形状 | 条形茶、叶茶、碎茶、片茶、末茶 |
| 香气 | 麦芽糖香、焦糖香、花香、嫩香、干果香（小种）、烟香（人工小种） |
| 汤色 | 红艳、红亮、红明 |
| 滋味 | 甜醇、甜爽、尚爽、醇爽、浓爽、浓醇、浓强、甜浓（条茶）、鲜浓（碎红茶） |
| 叶底 | 柔软、匀；色红褐或紫铜色 |
| 性质 | 茶性温和 |

### 三 · 红茶的功效

红茶性温和，属全发酵茶，在降脂、利尿、消炎杀菌等方面的作用突出。

• **利尿** 在红茶中的咖啡碱和芳香物质联合作用下，增加肾脏的血流量，提高肾小球过滤率，扩张肾微血管，并抑制肾小管对水的再吸收，于是促成尿量增加。如此有利于排除体内的乳酸、尿酸（与痛风有关）、过多的盐分（与高血压有关）、有害物等，以及缓和心脏病或肾炎造成的水肿。

• **消炎杀菌** 红茶中的多酚类化合物具有消炎的效果，实验发现，儿茶素类物质能与细菌结合，使蛋白质凝固沉淀，借此抑制和消灭病原菌。所以细菌性痢疾及食物中毒患者喝红茶颇有益处。

### 四 · 红茶的储存

红茶的储存环境要求低氧、低温、低湿和避光。

红茶可以常温存放，仓储环境需通风透气无异味，储茶的环境也应根据四季天气开窗通风换气，保持空气流通，有活性。红茶的保质期一般为3年。

## 红茶的制作工艺

红茶的初制包括萎凋、揉捻（揉切）、发酵、干燥四道工序。通过萎凋、揉捻工序，增强酶的活性；再经过发酵工序，以茶多酚酶促氧化为中心，完成一系列生化变化过程，形成红叶红汤的品质特征。多酚类化合物的氧化程度因种类而异，工夫红茶氧化程度较重，茶多酚保留量为50%左右，红碎茶氧化程度较轻，茶多酚保留量为55%～65%。

红茶与绿茶的加工技术方法不同，加工过程不是首先杀青降低酶的活性，而是先经萎凋提高酶的活性，然后直接揉捻或揉切、发酵（即氧化）和烘干。

# 茶艺

/

壹佰伍拾肆

## 一 · 萎凋

在一定的温度、湿度条件下均匀摊放，适度增强鲜叶酶的活性，内含物质发生适度物理、化学变化，散发部分水分，使茎、叶变柔软，色泽暗绿，青草气散失。

萎凋时间与方式依采摘时间、季节、气候、鲜叶嫩度、厂家设施等来决定。萎凋的方式有日晒萎凋、静置萎凋、摊晾萎凋、热风萎凋。

## 二 · 揉捻

揉捻分为手工揉捻和机器揉捻，机器揉捻是大势所趋，机器揉捻主要是控制压力慢慢加压，最后慢慢减压，轻重相配。

## 三 · 发酵

发酵俗称"发汗"，是指将揉捻叶呈一定厚度摊放于特定的发酵盘中，茶坯中的化学成分在有氧的条件下继续氧化变色的过程。揉捻叶经过发酵，形成红茶红叶红汤的品质特点。

发酵的目的在于使芽叶中的多酚类物质在酶促作用下产生氧化聚合作用，其他化学成分也相应地发生质的变化，使绿色的茶坯产生红变，形成红茶的色香味及品质。发酵时，芽叶中含量最多的茶多酚，在多酚氧化酶的参与下，氧化形成邻醌，邻醌缩合形成联苯酚醌的中间物质，然后氧化聚合生成茶黄素、茶红素。

## 四·干燥

干燥是将发酵好的茶坯，采用高温烘焙，迅速蒸发水分达到保质干度的过程。干燥得好坏，直接影响毛茶品质。

干燥的目的有三：其一，利用高温迅速地降低各种酶的活性，停止发酵，使发酵形成的品质固定下来；其二，蒸发茶叶中的水分，缩小体积，固定外形，保持足干，防止霉变；其三，散发大部分低沸点的青草气味，激化并保留高沸点的芳香物质，获得红茶特有的甜香。

干燥时用热空气作为介质，根据热交换原理，加热茶坯，带走水汽，使茶坯紧缩干燥。火温干燥分直接火温和间接火温两种。

## ◀ 饮茶小贴士 ▶

红茶品质要求汤色红艳明亮，滋味浓、强、鲜爽，带"金圈"。茶叶中的天然色素茶黄素、茶红素和茶褐素，对于红茶品质的形成起着重要作用。

茶黄素：对红茶的色、香、味及品质起着决定性作用，是红茶汤色"亮"的主要成分，也是决定茶汤滋味强度和鲜爽度的重要成分，同时也是形成茶汤"金圈"的最主要物质。

茶红素：红茶汤色"红"的主要成分，也是滋味浓度和强度的主要物质。

· 茶黄素含量高，茶红素/茶黄素的比值低，茶汤淡薄欠红艳，滋味不够浓醇。

· 茶红素含量过高，茶红素/茶黄素两者比值过高，茶汤深红欠亮，滋味平淡，叶底暗红，品质下降。

茶褐素：与红茶品质成负相关，含量越高，茶汤色泽发暗，滋味平淡，叶底发暗。

# 红茶的分类

红茶因特殊工艺形成了红汤红叶的品质特征。分为小种红茶、工夫红茶、红碎茶、创新条形红茶。

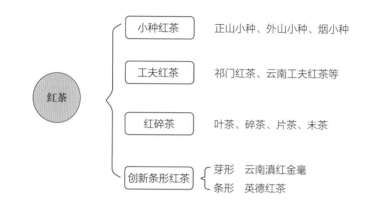

## 一·小种红茶

小种红茶是17世纪创制于福建崇安（今武夷山市）的烟熏红茶。加工工艺包括：萎凋，揉捻，发酵，过红锅，复揉，熏焙，筛捡。加工特点：茶叶在加温萎凋和熏焙干燥过程中采用当地的松柴做燃料，茶坯吸收了松柴燃烧不充分所产生的松烟而形成特有的松烟香。

### 1·正山小种

因主产于武夷山市星村桐木关又称"星村小种"。正山小种品质特点：外形条索肥壮紧结圆直，不带芽毫，色泽乌黑油润，香气芬芳浓烈，纯正高长带松烟香，汤色红艳浓厚，呈深金黄色，滋味醇厚。类似桂圆汤蜜枣味，叶底厚实红毫，呈古铜色馥郁的松烟香和类似桂圆汤味是正山小种品质特色。

### 2 · 外山小种

外山小种仿效正山小种制法，主要产区有福安坦洋，以及政和县、屏南县、古田县、沙县等。外山小种的品质远不及正山小种。

### 3 · 烟小种

烟小种是由工夫红茶喷水后熏焙干燥而成，烟小种品质最差。

# 二 · 工夫红茶

工夫红茶即条形红茶。所谓"工夫"，是因为工夫红茶初加工时需要费工夫使条索紧细完整，精制时也颇费工夫，因此得名工夫红茶。工夫红茶由小种红茶工艺基础改革而来，为我国特有的传统产品。工夫红茶产区广阔，习惯以产区地名命名，如滇红、祁红、宁红、湘红、川红、闽红、粤红、黔红等。工夫红茶的总体特点是：外形条索紧细匀齐，色泽乌润，内质香气馥郁，汤色红艳，滋味醇甘，叶底红亮。

### 1 · 祁门红茶

祁门红茶属于历史名茶，创始于1875年，主产于安徽省祁门县以及毗邻区域，江西省景德镇市亦属祁红产区，因祁门县产量最多，品质最好，故称"祁红"。品种为当地群体品种，以小叶种的槠叶种为主，占81.1%。按鲜叶原杆的嫩匀度分为特级、一级至五级。祁门红茶是红茶中的极品，高香美誉，香名远播，美称"群芳最""红茶皇后"。祁门红茶是世界三大高香茶之一。条索细秀稍弯曲，有锋苗，色泽乌润；香气高扬，有蜜糖香、兰花香，誉"祁门香"；汤色红亮，滋味鲜醇带甜，叶底红匀明亮。

### 2 · 云南工夫红茶

云南工夫红茶也称"滇红"，是产于云南澜沧江沿岸的临沧、保山、思茅、西双版纳、德宏、红河的工夫红茶。于1939年研制成功，属历史名茶。采摘云南大叶种一芽二叶开展、一芽三叶初展和同叶质嫩度的单叶，初制经萎凋、揉捻、发酵、干燥；精制分本身、长身、圆身、轻身四条主要加工路线，经筛分、拼合而成。条索肥壮紧实，色泽乌润，金毫显露，苗锋秀丽，汤色红艳透明，滋味醇厚回甜，香气馥郁持久，叶底红匀明亮。毛茶分为六级十二等，成品茶分为特级、一至六级。

## 三 · 红碎茶

红碎茶也称"分级红茶""红细茶"。小颗粒形红茶。鲜叶经萎凋、揉捻后，用机器切碎，再经发酵、烘干而成。经精制加工后，根据茶条形态分类，产生叶茶、碎茶、片茶、末茶四类成品花色，有统一的国际分级规格。香高，滋味浓强鲜爽，汤色红艳明亮。主产于云南、广东、海南、广西、贵州、湖南、四川、湖北、福建等地，其中以云南、广东、海南、广西用大叶种鲜叶为原料制成的品质较好。因其细碎，冲泡时茶汁易浸出，故宜于加工成袋泡茶，是国际茶叶市场的主要茶类。印度、斯里兰卡、肯尼亚等国生产量较大。我国1957年以后开始试制，1964年以后才有较大量的生产，成为我国的主要出口茶类之一。

### 滇红碎茶

滇红碎茶的制作系采用优良的云南大叶种茶树鲜叶，先经萎凋、揉捻或揉切、发酵、干燥等工序制成成品茶；再加工制成滇红工夫茶，又经揉切制成滇红碎茶。上述各道工序长期以来均以手工操作。此工艺从1939年在凤庆与勐海县试制成功。成品茶外形条索紧结、雄壮、肥硕，色泽乌润，汤色鲜红，香气鲜浓，滋味醇厚，富有收敛性，叶底红润匀亮，金毫特显，毫色有淡黄、菊黄、金黄之分，为外销名茶。

## 四·创新条形红茶

随着时代快速发展，不断更新迭代，顺应市场需求，我国出现了创新条形红茶，即非工夫茶规格的条形茶，其主要花色有芽形和条形两种。芽形主要有金毫红茶（广东）、滇红金毫(云南)；条形主要有英德红茶、英红九号、单丛红茶、云南红茶等。

云南条形红茶外形肥壮乌润，显毫，甜花香浓，汤色红浓明亮，滋味鲜爽浓醇甘。

广东英德红茶是20世纪60年代为满足国家出口创汇而研制的大叶种红茶。1988年以前，英德红茶是以云南大叶种和广东的凤凰水仙两个群体品种，以一芽二三叶为主要原料加工而成的出口红碎茶和"红叶工夫红茶"。1988年，英德红茶品种开始较大规模地发展"英红9号""英红1号"等无性系茶树品种，以这些新良种和新工艺创造的"英红9号"和"英号"红茶，香气为"花果甜香"或"果蔗甜香"。

# 红茶的冲泡技法

红茶主要以条形茶和红碎茶为主。泡茶温度90~100℃，不同海拔，不同的生长周期，泡茶的温度略有不同。低山茶冲泡温度不宜过高，90℃为宜，若是高山茶、古树茶则喜高温，温度100℃为宜。茶水比例1：25为佳，执壶高度为5厘米，水柱直径为5毫米~1厘米，注水倾斜角度为30°~60°。

### 1 · 温器

首先准备好相应器具，执壶在主泡器4点钟方向逆时针沿着主泡器边沿环绕一圈，极点收水，让水的温度里外润透器皿，此技法可提升器皿温度，达到醒茶、提升干茶香气，及去除仓味的作用。

### 2 · 投茶

温器后根据茶水比例投入相应的茶量，茶水比例以1∶25为佳。

### 3 · 注水

执壶在4点钟方向逆时针沿着茶叶环绕一圈，极点收水，让茶叶充分浸润。执壶高度为5厘米，水柱直径为5毫米～1厘米，注水倾斜角度为30°~60°，缓慢注泡更能体现红茶香甜绵滑的口感。

### 4 · 润茶

润茶时间为5秒，茶汤弃之不饮。因润茶可使茶水相融，促进叶片舒展，使茶叶的内含物质与香气更好地释放。

### 5 · 第一道出汤

立即出汤。

肆

茶席
设计

# 茶艺

## 茶席的定义

我国古代的诗词歌赋中，与茶席相关的内容相对较多，例如有山泉、风炉、水方等具有一定意境的名称。唐宋以来，历代文人墨客对茶席的刻画屡见不鲜，生动有趣。

关于茶席的系统性诠释，茶席的根本是其中的人；茶席的灵魂在于茶具设计。在独特的空间形态中，茶席与其独特的艺术形式结合，共同成为茶道的主题。

## 茶席设计要素

茶席是在特定的空间内，将茶与其他各类艺术形式相结合形成的一种布置方案，最终实现表现主题的目的，茶席的设计具有一定的实用性与审美性。

茶席设计的要素相对较多，针对席主人的生活经历和文化等差异，一般就有不同的茶组合方式。其中茶品是茶席的灵魂，相关设计人员必须正确选择茶品，在进行创作的过程中必须保证整个茶品的设计贯穿于茶席设计之中。

在茶器的选择过程中，必须全面分析茶席设计的艺术性和实用性。

茶艺

／

壹佰陆拾陆

在茶席中，插花主要是插自然界的鲜花，主要的原材料为鲜花和叶草等，对茶席的设计有着自然点缀的作用，为整个茶席的设计增加了一些灵动与飘逸感。

茶席一般不用焚香，仅用茶的香气即可起到烘托主题的作用。品茶人可以根据自身的品位适当地表现和丰富自身的茶文化。

对于茶席的设计，并非进行简单的要素拼凑，而是应该更好地服务于品尝的活动和人们的自身体验，使饮茶者能在饮茶的过程中充分获得美的体验。

## 茶席视觉设计——平面构成

茶席的设计讲究与其他艺术形式相结合，通过视觉规律和各类审美法则等创新性地组合，并在基本元素中进行创作和发展。

平面构成主要是将原有的点、线、面、形态等放在一个二维空间中，并通过一定的秩序和法则进行全面的分解组合，最终形成合适的形式。在具体的茶席视觉设计中，可以采用点、线、面结合的方式构成席面，将茶席上的茶具和其他配器进行有规律的排列组合，按照一定形式的美学法则要求进行创作，并形成相对较好的构图形式。

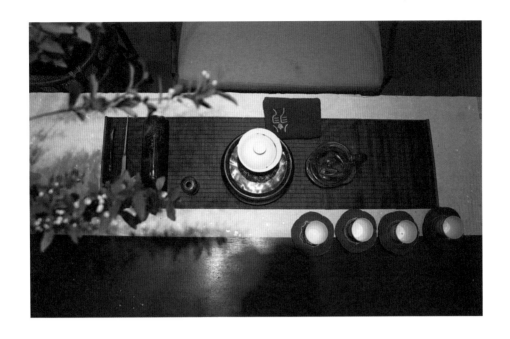

## 一 · 线条在茶席设计中的应用

　　无论是景色优美的山水画，还是标新立异的图片，都存在线条。

　　线条是构图方法中常见到的，也是应用最广泛的。"线条不仅具有形式美而且富有感情色彩"，画面中的线条有粗细浓淡之分，形式不同，艺术表现力也不同，不同线条给人的感受也不同。

陆羽在《茶经·五之煮》中提到"凡煮水一升，酌分五碗。碗数少至三，多至五；若人多至十，加两炉…茶性俭，不宜广，广则其味黯澹。"按照译者的诠释，但凡煮水一升可分五碗，碗的数量少则为三个，多则为五个。如果人多至十，则增加到两炉。茶性俭约，水不宜多，水多则会使茶淡而无味。潮州工夫茶推崇三杯；日本茶道受我国宋代文化影响，偏好奇数，崇尚三杯或五杯；中国台湾茶界自20世纪90年代约定俗成以六杯作为茶席推广的基础形式。

可见，茶杯数量的选择既与茶量、文化和民族风情有关系，也与茶器审美有直接联系。在茶席设计中，设计者将茶具组合中的茶杯视为画面中的点，多个点连接形成线条，分布于席面之上，故而在茶席设计中有了线条的存在。同样，插花中花材的枝干也是线条的呈现。线条有横线、竖线、斜线和曲线之分，不同的线条在茶席中的表现也带来不同的审美感受。

横线条在画面中多以地平线来呈现，给人以稳定、平静、舒张的感觉。

茶桌上横线条是常见的，铺垫中的平铺是基本铺，和茶桌的长边保持水平，这种平铺的横线条形成牢固的基底，给人以稳定的感觉。

茶杯在茶席中的布置也常利用横线条表现，以水平直线形成整齐一列摆放在茶席的前半部，使茶席简约整洁。

少到三杯，多至十杯，如果超过五杯，也可采两列平行分布的方法，将茶杯分成两组，前后以横线排列分布开来，形成不同的视觉效果。

如选择七杯的数量，可用二五、三四组合，这样既可以解决茶杯数量过多所造成排列长度过长的弊端，也可使茶席富有层次感。

竖线条在画面中多表现高大、挺直的形象，给人以高耸、庄严的感觉。

# 茶艺

近年来，茶桌多以长方形常见，茶席的范围也是以长方形展现，所以很少使用以竖线摆放茶杯的排布形式。

如果使茶艺师位于茶桌的宽边，可以将茶杯以两组竖线条的形式排布，客人分坐于茶桌的长边，这样既方便供茶，也使茶杯形成的竖线条向前延伸，形成纵深感。茶席中的竖线条在插花中也可以见到，但花材笔直的枝干给人坚强挺直的感觉，却缺少柔美。

斜线条富有动势，有很强的视觉引导作用。画面中用斜线表现高低分布的建筑、不同方向的道路等事物，具有一种动态的张力。茶席中斜线也是经常使用的，例如铺垫中的叠铺、对角铺，以铺垫的边角构成斜线，形成生动、富有层次感的基底。

　　插花中有直立式和倾斜式的两种插花方法，花材枝干以斜线形式展现，蕴含不屈不挠的向上品格，也有疏影横斜的韵味。茶杯的摆放以斜线条呈现，适用于杯数较少的情况。茶杯配以杯托斜线摆放，富有动感，容易产生线条汇聚的效果，吸引人的注意力。同时，茶杯形成的斜线与茶壶或盖碗连接一起，形成三角形，使茶席画面富有稳定性。

　　曲线条在画面中是一种造型力强、情感浓郁的线条，以波浪式或螺旋式等形式展现，流畅活泼、动感十足，有力地加强了画面的纵深感，茶席中的曲线能够传达优美、动感的感受。譬如插花中的花器和花材，常以曲线条呈现，花器器型和花材枝干的曲线，给人以柔美和生动活泼的视觉效果，既符合人体工学，又具有审美特性。

　　茶杯的摆放也可以利用曲线条来展现，无论杯的数量多少，都可以利用波浪式线条的布置方法带来蜿蜒曲折的感觉。同时，这种曲线条的排布形式，也打破了席面呆板单调的格局，给人带来生动自然的感觉。

## 二·对称法则在茶席设计中的应用

对称是指物体或图形在某种变化条件下，其相同的部分间有规律重复的现象。

对称被看作是自然界的规律，在生活中十分常见。绘画、摄影、设计等艺术领域也常见对称的应用，国内外著名建筑也大多采用对称式设计，例如中国美术馆、印度泰姬陵等。

对称构成其独特的审美价值，在艺术表现力上呈现其平衡美和对称美。茶席中可以巧妙地利用对称法则来进行设计。一般情况下，茶席平面的核心是茶具。以茶壶或盖碗为中心轴，茶杯依次分布在其左右两侧形成对称结构。

## 三 · 虚实与疏密在茶席设计中的应用

虚实与疏密是中国画中画家运用的构图法则，以虚实、疏密对立统一的法则达到画之奇变的效果。

虚实即有画与无画的问题，凡有画处为实，无画处为虚。在中国画中，"虚"就是画幅上的留白，"实"即画幅上的画材。

茶艺

/

壹佰柒拾肆

　　虚实的问题与构图中所讲的留白是相近的，西方画作喜欢将画幅排布的很满。但中国画讲究意境，留出空白，使人产生联想。虚实问题在茶席中是值得信鉴的。"虚"是茶席上的空白，"实"即是茶席上的器物。茶席设计往往是以特定的主题和表现内容为前提，然后再准备茶品、茶具和其他配饰开始设计布置的。

　　好的茶席作品要调动起欣赏者的五官，尤为重要的是味觉和视觉。其中视觉需要以茶席设计作品来呈现。

　　设计者要根据茶桌的面积来选择器物的数量，茶具的选择以精简为主，配饰不宜过多。茶席除了讲究实用价值和审美价值之外，更重要的是向他人传达茶的思想和精神。如果茶席布置得太满，将所有能表达设计者思想的器物都摆放在一起，很难突出重点，明确表达主题。讲究有虚有实、适当地留出空白，既能使主体更加醒目和突出，又能给人呼吸和联想的空间。

# 茶艺

　　中国画中疏密是画材与线之间的排列交叉问题，茶席中的疏密可以理解为器物之间的排列距离关系。有时，设计者将壶、盅、杯等茶具放置在茶桌上，配以小型插花，但由于茶桌的面积较小，茶具组合和配饰之间的距离缩小，所有器物非常紧凑地摆放在桌面上，这种可以理解为"密"；相反，如果器物松散地放置在茶桌上，器物之间的距离较大可理解为"疏"。

　　一般情况下，茶杯之间是不存在疏密问题的，无论茶杯的数量多少，设计者都会将其按照等距的方式摆放。但有时茶杯组和茶壶、盖碗或茶盅之间或者茶具组合和配饰之间还是存在疏密问题的。

首先，茶杯组和茶壶、盖碗或茶盅之间，可以等距放置，也可以考虑以疏密的方法处理。茶杯组和茶壶或盖碗保持适当的距离，能够突显茶壶或盖碗在茶具组合中的核心位置，让人们把目光焦点放在茶壶或盖碗上。

其次，茶具组合和配饰之间是要以疏密的方法来布置的。茶席设计要领的其中一点是"摆饰不求多"，茶席的基本功能是泡茶、品茗，配饰只是衬托的作用，使茶具组合和配饰之间产生一定的距离，既能够使茶具组合成为一个整体、十分醒目，又能够消除整个茶席混乱的感觉。所以在茶席设计中，疏密的处理既要不呆板，又要有变化。

构图方法应用于茶席设计，有一定的借鉴意义。首先，能够使茶席设计的理论与实践结合得更加密切。学习茶艺，不仅要对茶有深刻的了解，还要有美的感受。分析茶席作品所应用的构图方法，能够帮助设计者更好地掌握茶席设计技能。

再次，能够开拓茶席设计的训练模式。结合构图方法，专项训练设计技能，打破原有的无针对性练习，进行有目的和计划的构图应用训练，使茶席的视觉艺术传达由无意识转变为有意识。因此将构图方法应用于茶席设计，既能够丰富实践操作，又能够增强茶席设计的趣味性。

简而似书卷的纸茶席与折扇相搭配，充满优雅的文人气息。陶炉煮水返璞归真，衬托白净清爽的双线茶具；用来解读历史文化深厚的普洱茶；黑釉净瓶中云龙柳妖娆的身姿与跳舞兰灵动的倩影相互辉映，是茶人泡茶时随性且如行云流

水般的真实写照。穿越漫长的历史长河，从亘古洪荒到唐宋明清，直至最终演变成丰富多彩的未来，厚重的宇宙大地一如既往地处处孕育着勃勃生机。

当天与地的精华汇聚交融，日光月华生成钟灵毓秀的精灵，静静地等待与水的碰撞。人在草木间，汲取来自先祖的智，在先祖们开辟的土地上代代不息金黄的稻谷，熟透的橘子，都预示着即将拥有满满的收获，细细品味着一杯茶汤，滋味醇厚，就像品味着未来人生无限的遐想。

伍

翁暖
花道

# 茶艺

壹佰捌拾贰

## 中国花道发展的历史时期

在茶室中置花，古已有之。茶的沉静、朴素、平淡，呈现出中国人"静"的一面，那就是不事雕琢、洗去铅华、返璞归真的生活理想。而花的喧闹、绚丽、明艳之美，又折射出中国人传统生活观念和理想中"动"的另一面，也就是充满对美好生活的渴望和憧憬，不断开拓自身的审美情趣、提高生活品位，充分发挥创造性、想象力的一面。茶与花相得益彰，更加体现出茶艺内在的初衷和底蕴，即中国人民对生活境界的艺术品位与追求。

花道文化历史源远流长，由周秦至今，花道不仅仅是空间艺术的呈现，更是人们内心的一种情感表达。花道通过线条、颜色、形态、质感和意境，追求"天、地、人"的和谐统一之美。

### 一·原始阶段

在周初至春秋中期，我国已有用花祭祀、借花传情和插花装饰仪容的习俗。这个时期，人们对于花草之美有着特殊的感受，这是源于礼教的影响，与道学也脱不开干系。

先秦时期虽然也还没有插花的概念，对花也只是把花投放在瓶中使花不凋谢，并没有达到插花的艺术水平，但是人对于美好事物的向往是与生俱来的，古人对于花、草的喜爱也是如此。

伍

／

壹佰捌拾叁

## 二 · 初级阶段

汉代是我国花道艺术起源与发端的时期，由于西汉国力的强盛，文化的远播，物产的流通，所以当时的植物，有许多是来自西域的奇花异草。汉武帝为了容纳这些奇花异草，特意建了最大的植物乐园——上林苑。由此可见，汉代时期，花卉文化对人们的影响。

在汉代人们把圆形的陶盘比喻为湖泊、大地，插花作景，以承载万物，孕育希望。以陶盆作为供花、插花的容器是汉代的插花特点。

魏晋南北朝时期，佛前供花随着佛教传入了中国，佛教中观音大士手中的瓶子里的柳条是最早的插花形象。

南北朝时期多以瓶插置莲花以供佛。在《南史·晋安王子懋传》中记载了最早的佛前供花情景："有献莲华供佛者，众僧以铜罂盛水，渍其华茎，欲华不萎。"罂是一种盛贮器，既可用来汲水、存水，也可用来盛粮，在汉代即已存在。此时虽无专用的瓶子为插花所用，但在罂中插花，赋予了"罂"一种新的用途——把花放在罂中，花茎吸收到水分，使花在佛前保持优美的姿态。佛前供花或许可称作插花艺术诞生的先导，但它本身是一种宗教仪式，而非纯粹的艺术追求。

南北朝插花形式除秉花、佩花、花束外，出现了用盘盛果或花的形式，还有用器皿盛水养花的记载，花枝插置也略有安排。此时，插花的意识开始逐渐显露。

在庾信的《杏花诗》一诗中有"好折待宾客，金盘衬红琼。"可见，此时插花已不仅仅用于佛前供侍。折杏花置金盘以待宾客，可以说是东方礼仪插花的首创了。也可看出花器的形式不再单一，人们倾向于用不同器皿衬托花朵。

## 三 · 兴盛期

隋唐时期是我国插花艺术发展史上的兴盛时期。当时政局稳定、国泰民安、经济繁荣、文化艺术成就辉煌，插花艺术也进入了发展的黄金时代。爱花之风盛极一时。每年二月十五日定为"花朝节"，即百花的生日，常举行大规模的盛会。

此时插花的容器相继出现缸、碗、篮、筒。其间日本派遣小野妹子访隋，学习佛法的同时将中国的佛教礼法及佛前供花和容器引进日本。

到了五代十国时期，政局动荡，文人雅士多避乱隐居。民间插花风格有很大转变。突破唐代讲求庄重和排场的旧风，不拘一格，就地取材，名花佳卉、山花野草均可使用。插花容器更加广泛，出现了吊挂、壁挂形式。五代对花器技术改良有着独特贡献，其中尤为突出的是郭江洲发明的占景盘。

## 四·精雅期

宋元从封建割据到统一时期，赏花插花的习俗虽仍沿袭唐代，但不像唐代那样富丽堂皇。宋人多喜爱梅花，讲求高雅韵致，以清雅素淡为好。在当时，"插花"就和"挂画""点茶""焚香"并称君子四艺，同时出现于茶席之中了。

南宋杨万里有诗云"胆样银瓶玉样梅，北枝折得未全开。为冷落寞空山里，唤入诗人几案来。"诗中对花器的色彩、形状，梅花的颜色、野外生长方位及花朵状态均做了详细的描述。这时花与器开始广泛地连接，从而使插花艺术进入精雅期，走上更高的台阶。同时篮花也极为盛行。花器研究继五代占景盘后有新进展，又有三十一孔磁花盆、六孔花瓶等。

伴随着文人雅士作画、吟诗、赏花，又产生了"文人插花"。文人插花为此时期的主流，他们把花木、自然与哲思联系起来，穷通物理，又在花木中寻找逍遥之乐，以拂红尘之污。小原流的"文人调"插花就是以中国文人的情趣为背景。

## 五·完善期

明代是中国插花艺术复兴、昌盛和成熟的阶段。在技艺上、理论上都形成了完备、系统的体系。当时以瓶花为主流花型。

**厅堂花：** 厅堂花多为隆胜的理念花，如十全瓶花，用十种花材，象征十全十美。

**书斋花：** 书斋花多为逸趣的心念花、自由花。

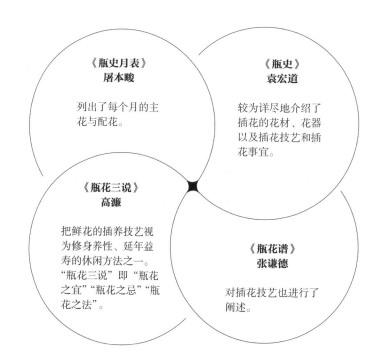

《瓶史月表》
屠本畯

列出了每个月的主花与配花。

《瓶史》
袁宏道

较为详尽地介绍了插花的花材、花器以及插花技艺和插花事宜。

《瓶花三说》
高濂

把鲜花的插养技艺视为修身养性、延年益寿的休闲方法之一。"瓶花三说"即"瓶花之宜""瓶花之忌""瓶花之法"。

《瓶花谱》
张谦德

对插花技艺也进行了阐述。

在明代，一间茶室，一方茶席中摆放静置一瓶瓶花已是十分普遍。明代文学家、花道大家袁弘道所著《瓶史》中写道，"茗赏者，上也，谈赏者，次也，酒赏者，下也。"充分地反映了我国明代生活中茶席插花的重要性和非同一般的搭配，以及明代文人雅士对茶席中插花的精神和心灵视觉的追求。

明清作为插花艺术的鼎盛时代，插花理论有较大的发展，许多插花理论著作相继问世。

## 六·衰微期

清代初期和中期，花市仍十分兴旺，对花的鉴赏不逊于明代，插花技艺也有很大提高，但由于战争造成政局动荡，后期日渐沉沦。

在花市兴盛之际，出现了具有现代商业形式的"花券"，并开始流行对花品评，这既有理智的判断，当然也有神格化的僻求。

清代文人、插花名师沈复所著《浮生六记·闲情记趣》中提出"起把宜紧""瓶口宜清"两个技巧诀窍，并自创了最早的"剑山"。

**起把宜紧**：即插花时应注意将"花脚"集中插在一起，使"一丛怒起"；而花枝的上部则向各方伸展，宛若聚集自然界中生长的植物，同一根生，丛生一起，自然优美，干净利落。

**瓶口宜清：**即不管花材是亭亭玉立，还是飞舞横斜，都应成束插于瓶中，不使枝叶覆盖瓶口，如此则花枝傲然挺立，瓶口清清爽爽，花材与容器相映成趣，美感倍增。

插花既不是单纯的各种花材的组合，也不是简单的造型，而是以形传神，形神兼备，以情动人，融生活、知识、艺术为一体的一种艺术创作活动。现代插花艺术不过分要求花材的种类和数量的搭配，但十分强调每种花材的色调、姿态和神韵之美。即使只用一种花材构图，也可以达到较好的效果。不同的构图以及不同花材花器的组合，达到的效果则是完全不同的。

花器是插花的主要依托和装饰。使用容器的目的和作用在于：

第一，是用来盛水，保养花材（鲜花插花），支撑花材。

第二，是用以烘托和陪衬造型，这在东方插花中尤为重要。容器成为立意构图中的重要组成部分，对烘托主题、强化意境都有举足轻重的作用，所以容器的选择和使用对作品的成败影响甚大。

传统插花的主要容器为盘、瓶、缸、筒、碗、篮六大类，其间包涵丰富的文化内涵、系统的插花理论、精湛的插花技艺与独特的赏花方式。

# 插花技术

## 一 · 翁暖花道——六大器型

茶艺

/

壹佰捌拾捌

中国插花文化历史源远流长，从周朝开始已有了一个初始概念，但真正的插花艺术是从魏晋南北朝至隋唐的佛教传入中国时兴起。

最早出现的器型是盘，盘形深广，在汉朝时期被人们喻为湖泊、大地，承载着万物。中国插花艺术与方位相结合，我们把水盘比喻成大地，分为东、西、南、北、极点五个大方位和宧、窔、屋漏、奥四个小方位。放置在不同的方位，会有不同的美感。

瓶花起源于南齐，盛于明代，是东、西方插花中最重要的表现形式之一。瓶形高昂，瓶花的"瓶"字与平安的"平"字谐音，有平平安安之意，故瓶花一直深得人们的喜爱。

缸花成熟于唐代，缸讲块体（即花形成形都会以块状出现，释义是成疙瘩或成团的东西）。唐人插花喜爱牡丹，牡丹花富贵大气，缸器形浑厚，用来插置牡丹相得益彰。

筒花形成于南唐，盛于五代十国。筒重婉约，雅称景洞天，景洞天是史上最早的插花展览会。隔筒插花，隔是指竹节中的横隔，隔间开光盛水插花，体现了古人智慧。

碗花盛于宋代，碗花求藏，碗形小巧，插置花作素雅，适合摆置在小空间或案台上、书桌上，深受文人墨客的推崇。

篮花形于唐而兴于宋。篮贵端庄，宋代文人墨客或习花者多用篮插置梅花，竹编的篮子穿透力强，加上梅花素雅，两者搭配非常有意境。

盘

瓶

缸

碗

筒

篮

## 二·翁暖花道——插花要点

### 1·上轻下重

花苞在上，盛花在下；浅花在上，深花在下。利用花材的形态和色彩之间的差异，营造出观赏者心理上的轻重感。

### 2·上散下聚

花朵枝叶，下部繁盛。在进行花材安插时，上部要呈自然分散形态，让花"动起来"，有向阳生长之趋势；下部根茎要牢固，要像大树一样聚集起来。

### 3·高低错落

前后高低错开，利用空间点线面原理设计有层次的位置排列。一定不能让花枝都在同一直线上。

### 4·疏密有致

花和叶忌等距离安排，不要过密，也不宜使成品太过空荡，要疏密有度，在疏密平衡的同时做到花心饱满。

### 5·俯仰呼应

花朵、枝、叶、果围绕中心相互呼应，要整体有均衡感，突出主题。

### 6·虚实结合

花为实、叶为虚，虚实结合即使花与叶和谐地搭配在花作之中，不空洞、更不繁杂。

### 7·动静相宜

既要有静态的对称，又要有动态的错落。

### 8·亦庄亦谐

既要有古典的端庄、均衡，又要通过选材、构图的变化，营造出独特的艺术意境。

### 9·穿插固定

将枝条相互交叠穿插并固定在花器上，使根部的力量更加牢固，一丛怒起，枝叶的表情更加自然。

### 10·调整细节

填补细节，哪里空补哪里。中式插花，展现就是力量感，花作不能太单薄，尽量做到花心饱满，使整个作品有蓬勃向上之势。

茶艺

/

壹佰玖拾

**1 · 围裙**

插花时用来保持衣服的洁净，私人物品也可收纳于袋中。

**2 · 手套**

操作时，我们会接触到各类植物，有时为了避免花粉过敏或枝条刮伤皮肤，手套的保护作用非常重要。

**3 · 毛巾**

毛巾用来清洁桌面。插花时会产生大量的杂叶余水，毛巾的用途是保持桌面干净整洁。

**4 · 花剪**

花剪用来剪切花材，正确的使用方式是以斜剪45°的方式，这样受力更均匀，剪切更方便。

**5 · 铁丝剪**

不同的造型需要有不同的处理方式，铁丝剪在使用铁丝固定花材造型时用来剪切铁丝。

**6 · 剑山**

剑山、花泥、莲蓬巢，都是用来固定花材的，在不同的情景下，插花所用的固定材料也不相同。

**7 · 水切器**

用于存放清水，花材剪切时必须在水中处理，这样切口就能吸收大量的水分，可保持花期更久。

### 8 · 绑带

当我们需要把不同的素材固定在一起时，就可以使用绑带。

### 9 · 麻绳

麻绳不止可以固定花材，也可美化花型的外表，以艺术展示的方式呈现。在不断的实践积累当中，为了使花作能在空间不萎，我们运用麻绳把所有花材固定在一起，使其出现我们想创作的美感，再加上盆栽艺术，让人永久置身于大自然中，愉悦丰盈彼此的心灵。

### 10 · 铁丝

通过铁丝改变植物的形状、表情，呈现出作品最美的姿态。

### 11 · 美容带

通过美容带美化枝条根部的形象，让整个作品的美感提升。

## 四 · 翁暖花道——插花方位

一盆好的花作立足点非常重要，花材放在不同的位置，所展现出来的美感亦不相同，现在来学习插花的第一个要点——立足点（即方位）。

立足点指的是花枝在花器上的安插位置，中国人把花器当作大地、金屋、湖泊，把插花当作富有生命力的一种景观创造。因此，立足点的地位与意义非常重要，代表的是生活的艺术。

花器的立足点分东、西、南、北、极点五个大方位和宦、窆、奥、屋漏四个小方位，九个方位不同的立足点，展现出来的美也各不相同。九个方位根据四季不同而插置。例如冬天放在极点的位置就恰到好处，因为冬天天气寒冷，过多地看到水面会产生寒意；如果是夏天，则适合放置在东西南北四个立足点，因为无论放置在哪个立足点，都能感受到波光粼粼的水面。让人产生凉意，适合夏季的心境。这就是根据季节不同插花方向的意义所在。

花道是空间的艺术，在插花之前，我们也一定要先了解我们对空间美感的需求，根据不同的空间需求插置我们的花作才能相得益彰。

## 五 · 翁暖花道——花型骨架

每一种花型之外形、构成皆有其骨架，骨架构成象征着不同类型的内涵、理想、形式意义与渊源，更代表着形态构成的种种机能图。屠本畯提出一盘花里，应有三种花材，呈人为之组合。三种花材分别为：

【花使命】即使枝

【花客卿】即客枝

【花盟主】即主花

这三种花材在花器上具有三主枝的功能，其特性顺序概述如下。

三主枝之比例7：5：3，使是7、客是5、主是3。

使枝：使枝为7，简称【使】，长度为花器的1倍、1.5倍或2倍，不可超过2倍半，太长有藐视大地之意。使枝是最长的一枝，象征大将军，英挺端庄。

一盘好的花作，除三主枝之外，另有从枝，从枝于造型上可弥补主枝气势不够的缺憾，使整个花作饱满而有生气，当然，从枝只是陪衬，千万不能喧宾夺主，枝条可长短不一，但大部分应比主枝短小。

客枝：客枝为5，简称【客】，长度是使枝的5/7，当客枝为面状或体积大于使枝时，例如天堂鸟叶、铁树叶则为4/7，是使枝与主枝之友枝，比使枝矮，比主花高，是完美作品中不可缺少的一员。

主花：主花为3，简称【主】，长度是使枝的3/7，当主枝体积较大时，例如绣球花，大帝王花，则为2/7，是三主枝中最矮，如危坐宝座之上，象征君王、领袖、父亲权威稳重，为一件作品的重心。主花最大特色是插置时习惯上均面向南方，正面示人，既呈现最美好的一面，让人欣赏主花最美的一面。

从枝：从枝长短不一，起到弥补三主枝不足、以哪里空补哪里为原则，使作品丰富多彩。作为从枝，在作品不能喧宾夺主。

基盘叶：基盘叶是从枝中一个特殊的存在，起到遮挡剑山和花枝枝脚的作用。在任何作品当中，基盘的存在可使花作增加力量感，一丛怒起。

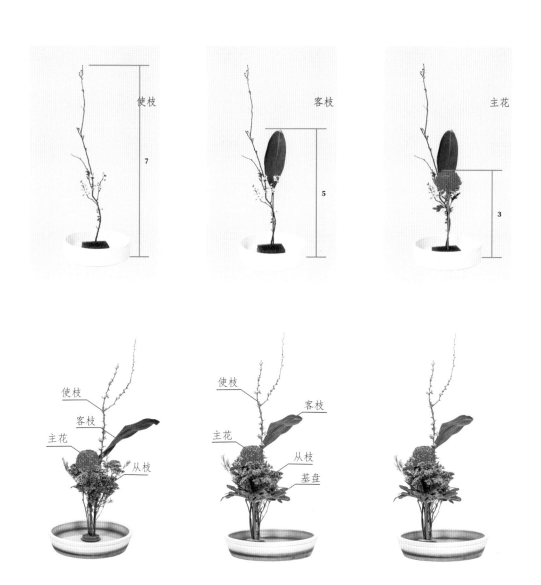

## 六·翁暖花道——花型角度

### 花型的倾斜角度

一件作品要完美呈现，不仅骨架气势要稳定，更需要角度的配合，不同角度展现出来的美感亦不相同。

#### 1·直立型0°～30°

使枝正直，最多倾斜30°，有雄伟，壮丽，平和理智等成分，一般用在隆重场合，此花型15°是最美的角度，即眼睛的位置。

#### 2·倾斜型30°～60°

使枝斜出30°～60°角，其内容与形式相平衡，含有调和，柔弱，悠闲，可爱及秀美的特质，给人以舒适感，一般都用于起居或日常生活中，此花型45°是最美的角度，即身体肩膀的位置。

#### 3·平出型60°～90°

使枝枝条带有强烈的动感，较洒脱，使枝向60°～90°角斜出，有奔放的美感，意识内容胜于形式，个性或动态极为强烈，常用于书斋展览场、音乐会等特别场所插置。此花型75°是最美的角度，即身体腰部的位置。

#### 4·倒挂型

指枝条斜出而低于器口的一种形式，灵动性比平出更为强烈，有游荡、试探、挣扎等性格，生存意识特别浓厚，创作出来的作品更加有意境。

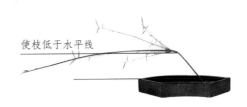

使枝低于水平线

### 5 · 平铺型

是枝叶依附在大地或水面，没有向空间突出意图的一种形式，表现了知足常乐、无欲则刚的恬静美感，此花型特别适合茶会上或者茶席上插置。

## 七 · 科学插花——黄金比例

### 花型黄金比例

中国插花有六大器型，不同器型度量的方式也各不相同，度量的时候也分为古典与现代两种。

古代中国人对插花独具审美观，不同朝代，审美也不相同。

另需要注意的是各花型度量花材比例长度，均从花器器口处算起，所以剪枝时必须加上花器的深度，以免比例不对。

### 六大花型的比例量法

#### 1 · 盘花比例量法

**古典比例**：以盘口半径加高与使枝高度比例为1∶1。

**现代比例**：为盘口直径加高与使枝高度比例为1∶1。

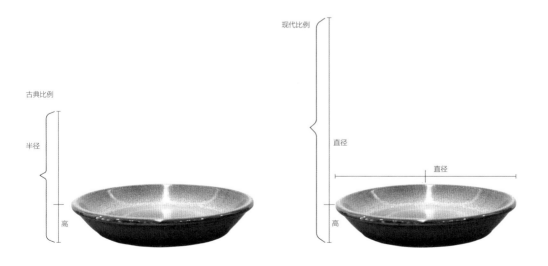

### 2 · 瓶花比例量法

**古典比例：**瓶插置时，以瓶高与使枝高度之比为1：1。

**现代比例：**以瓶高加瓶口直径与使枝高度之比为1：1。

### 3 · 缸花比例量法

**古典比例：**缸插置时，以缸高加半径与使枝高度之比为1：1。

**现代比例：**以缸高加直径与使枝高度之比为1：1。

### 4 · 双筒花比例量法

**古典比例：**双筒开光处至上隔切口之高与使枝高度之比为1：1。

**现代比例：**双筒开光处加上隔切口直径与使枝高度之比为1：1。

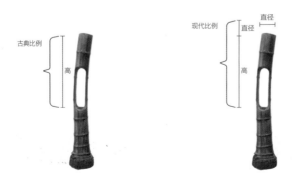

## 5 · 单隔筒比例量法

古典比例：筒高与使枝高度之比为1∶1。

现代比例：筒高加直径与使枝高度之比为1∶1。

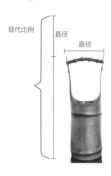

## 6 · 碗花比例量法

古典比例：碗插置时，碗高加半径与使枝高度之比为1∶1。

现代比例：碗高加直径与使枝高度之比为1∶1。

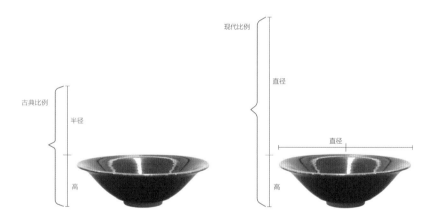

## 7 · 篮花比例量法

古典比例：篮插置时，篮高加半径与使枝高度之比为1∶1。

现代比例：篮高加提梁高度与使枝高度之比为1∶1。

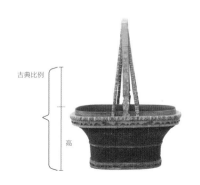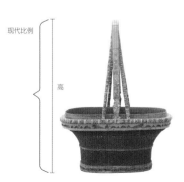

中华插花历史悠久，各朝代生活背景不同，风格各异，所以类型甚多，各树典型，一盘花作由不同的方位、不同角度、不同的黄金比例，呈现出各个朝代不同的插花风格。

图形使用方法：

（1）插花之前，须先在纸上勾画出主枝、客枝、使枝的立足点。

（2）插花先插使枝（使枝＝△）。

（3）再插客枝（客枝＝○）。

（4）后插主枝（主枝＝□）。

（5）从枝亦可称副主、副客、副使、补枝，以T代表。

## 使、客、主、从枝的记号

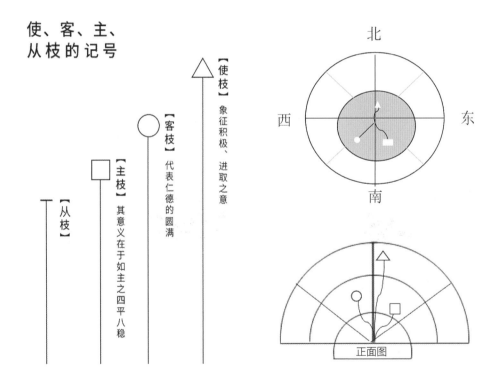

【使枝】象征积极、进取之意

【客枝】代表仁德的圆满

【主枝】其意义在于如主之四平八稳

【从枝】

北

西

东

南

正面图

# 花道艺术欣赏

## 盘花

春夏插花以盘花为宜，使人有清凉之感。

盘花源于2000年前的汉代，用陶盆象征池塘或湖泊，六朝时与佛教供花相结合，成为插花的重要器皿。

盘花的特点是盘器较浅，但器面广，可取多点插作，也可欣赏水面。

伍

/

壹佰玖拾玖

## 盘花

倒挂东点插

**要点:**

① 本花型立足点为东点。

② 插花之前先确定使、客、主，三者的立足点。

③ 使枝选用自然弯曲的枝条为佳。

④ 创作时先度量花材与花器的黄金比例。

盘花比例量法如下。

古典比例：盘高加盘口半径与使枝高度之比为1：1。

现代比例：盘高加盘口直径与使枝高度之比为1：1。

⑤ 花作创作时应先插置使枝、一从、二从，后插客枝、主花（副主花），南面为王。基本的花型出来以后，再根据花型空间所需不断填补从枝，使之饱满蓬勃有朝气，盘花起把宜紧，应注意将"花脚"集中插在一起，使"一丛怒起"。

⑥ 整个作品的完成，须注意花脚有力，心要饱满，整个花作有"站如松"之感。

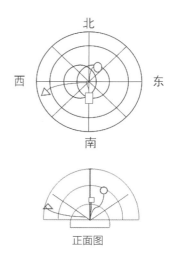

正面图

　　瓶花起源于南齐，盛于明代，是东、西方插花中最重要的表现形式之一。

　　瓶花之所以被国人喜爱，正如"瓶"代表平安、吉祥，既可插作六合、十全之隆盛理念花；又可插作小品花，枝条柔顺，且有高洁韵秀之姿。它既高昂又庄严，而且有至高的内涵。瓶花在插作时有一定的难度，如何定枝，如何选择花材，如何选择瓶器，及花材在瓶中高低、虚实的安排都是非常重要的。

伍

**瓶花**

东点插

**要点：**

❶ 本花型立足点为东。

❷ 插花之前先确定使、客、主，三者的立足点。

❸ 创作时先度量花材与花器的黄金比例。

　瓶花比例量法如下。

　古典比例：瓶插置时，以瓶高与使枝高度之比为1∶1。

　现代比例：以瓶高加瓶口直径与使枝高度之比为1∶1。

❹ 花作插作时应先插置使枝、一从、二从，倾斜型使枝角度为30°~60°之间，使枝弯曲带有动感，以选择藤类、果实类自然弯曲的枝条为佳，创作出来的作品更有事半功倍的效果。

❺ 后插客枝、主花，主花南倾，南面为王，可适当加副主花。

❻ 基本的花型出来以后，再根据花型空间所需不断填补从枝，使之饱满蓬勃有朝气。

❼ 添加基盘时，需注意起把宜紧，瓶口宜清。

正面图

**缸花**

　　缸为中华花艺六大器型之一，源于唐代，盛于明清。因器型饱满浑厚、豪华隆重，多用于殿堂之摆设装饰。

　　唐代已流行善于盛水的玉或白瓷水缸充当插作牡丹的花器。缸形矮胖，腹部硕大，既可容纳更多花材，又方便花材挺立，是介乎瓶与盘之间的花器，适宜花头大且上重下轻如牡丹、菊、绣球或聚成块体的花材使用，与枝条结合，产生对比之美。

伍

贰佰零叁

**缸花**

*直立型*

茶艺

/

贰佰零肆

**要点:**

**❶** 本花型立足点为极点。

**❷** 插花之前先确定使、客、主三者的立足点。

**❸** 创作时先度量花材与花器的黄金比例。

缸花比例量法如下。

古典比例：缸插置时，以缸高加半径与使枝高度之比为1∶1。

现代比例：以缸高加直径与使枝高度之比为1∶1。

**❹** 花作创作时应先插置使枝（西点15°）、一从、二从，后插客枝（西点30°）、主花（副主花），南面为王，基本的花型出来以后，根据花型空间所需不断填补从枝，使之饱满蓬勃有朝气。

**❺** 主花若往前倾斜偏向南，则客枝的倾斜度可以增加，往西北点，使主花与客枝之间的空间变大，更显缸花饱满大气。

**❻** 缸花枝脚不必像碗花般紧握，但仍不能松散。枝脚高约离器缘四指宽为佳。

**❼** 整体端庄，花与器务求平衡。

正面图

**筒花**

　　筒类花器盛行于北宋、金，距今已千余年，以竹筒最为正宗，讲求自然朴实、淡薄野逸，为文人雅士的最爱。

　　筒式插花是用筒形、管状花器制作的插花作品。在我国插花史上，用竹筒插花更为盛行。筒花起源于五代时，最著名的是南唐后主李煜，喜用竹筒插花，同时每年定期公开展览。所引用的花型除了传统的瓶花、盘花外，还包括挂花、吊花与筒花。

伍

／

贰佰零伍

### 双筒花

倒挂型

**要点:**

**❶** 本花型立足点为上隔西点。

**❷** 插花之前先确定使、客、主，三者的立足点。

**❸** 创作时先度量花材与花器的黄金比例。

双筒花比例量法如下。

古典比例：双筒开光处至上隔切口之高与使枝高度之比为

1：1。

现代比例：双筒开光处加上隔切口直径与使枝高度之比为

1：1。

**❹** 花作创作时先插使枝（西点）一从、二从、客枝（西点）

伸展，后插主花（副主花）上隔南面为王，继而插置从枝，

填补花型的饱满度，主花靠近器心，需考虑到整株的平衡

感与三主枝的开合度，以避免松散。

正面图

**❺** 使枝倒挂富征讨意味，尾端需上扬，才有生命力。使枝选

用自然弯曲的果实类、枝条类为佳。因使枝下探，客枝需

顺使枝之势调整角度，主花南面为王，创作出来的作品更

有事半功倍的效果。

碗花起源于前蜀，盛行于宋、明两代，多用于寺庙插花，极富宗教色彩。

碗是人们天天接触、最熟悉的器具之一，传统形状与当今无多大区别，即口大底小，碗口宽而碗底窄，下有碗足，高度一般为口沿直径的二分之一，多为圆形，极少方形。不断变化的只是质料、工艺水平和装饰手段。根据花材的刚柔、形、色与碗器的不同，互相搭配，互相配合而成为主花、副花、客枝，或主花、客枝、使枝三结构的碗花。

伍

贰佰零柒

**碗花**

主从插（或主副插）

**要点:**

❶ 本花型立足点为极点。

❷ 碗器多为尖底，故以极点插为正宗，大至盛汤之大碗，小至吃饭喝茶的小碗均可作为花器。

❸ 花材的选择需与花器大小相配合，勿选择主花较大者，以免出现不和谐之感。

❹ 插花之前先确定使、客、主三者的立足点。

❺ 创作时先度量花材与花器的黄金比例。

碗花比例量法：

古典比例：碗插置时，碗高加半径与使枝高度之比为1：1。

现代比例：碗高加直径与使枝高度之比为1：1。

❻ 花作创作时先插使枝（北点15°）一从、二从，客枝向西（西点45°）伸展，后插主花（副主花），继而根据花型空间插置从枝，填补花型的饱满度，花脚需出水面，水量约为碗器的八分满。

❼ 碗花起把宜紧，应注意将花脚集中插在一起，使其"一丛怒起"。

正面图

宋元两朝宫廷常用篮花插作隆盛型的院体花。

篮花俗称花篮，衍自唐代佛教供花所用。在用于供花之前，篮子是人们在野外采摘花木时放花的器具，后来是由文人先开始采用篮子插花的方式。

宋代为插花艺术的鼎盛期。为满足社会经济需求，插花多为财源富足的宫廷、显耀的高官所喜爱，所以常用篮花插作隆盛型的院体花。到元代承袭宋代遗绪，仍有宋代隆盛型理念花风格，而且特别注重花艺的形象之美，花艺思想非常丰富。

**篮花**

东点插

**要点：**

❶ 本花型立足点为东点。

❷ 插花之前先确定使、客、主三者的立足点。

❸ 创作时先度量花材与花器的黄金比例。

　篮花比例量法：

　古典比例：篮插置时，篮高加半径与使枝高度之比为1∶1。

　现代比例：篮高加提梁高度与使枝高度之比为1∶1。

❹ 花作创作时先插使枝一从、二从，在特殊花材情况下一根使枝可充当一、二从往西点伸展，客枝往东点伸展，继而插置主花（副主花），主花南面为王，基本花型呈现以后，根据花型空间不断填补从枝，使整个花作饱满富有朝气。

❺ 篮花多豪华，而文人式篮花则崇尚朴实，插作需腾出部分空间，且注意后宫勿使空虚。

正面图

　　茶席花是古典文人花的精简形式，可列入心象花的范围，配合幽室，追求茶趣，以新简清寂、纯真而不矫饰的自赏为特色。作者必须具有纯真的情与清远的趣乃得。

　　茶席花选材以形色明丽，香味优雅，格高韵胜，神采飞扬者为主，《洞天清录》载："清香而色不艳者方妙，若妖红配紫非所宜"。

　　茶席花结构宜单纯，但对姿态内在的天心之把握是花与器一体、诚挚感人。传统插花常只两大部分（主副、主客或主使），如袁宏道所说："须分高下，或上茸下瘦，或左高右低，或两蟠台接，偃压偏曲，或挺露一干中出，上簇下蕃，疏密斜正，各得意态"。

　　在如今，追求精神与物质的新时代，品茶、插花、焚香、挂画在当下盛行，800多年前的"宋人四艺"已然充分体现了宋代人对传统文化的极致追求。茶席上的那一抹绚丽的色彩，不仅增添了美学欣赏的价值，更是传承了中国几千年的文化，亦是对美好生活的一种向往。

**茶席花**

极点插

**要点：**

❶ 茶席花应根据茶席茶器的色调、茶桌的大小来创作。

❷ 花器应以朴实纯真、高雅古典者为主，勿过壮，宁
小、极高，尺寸不可过一尺。

❸ 茶席花插作以小盘、小瓶、单筒、碗为佳，茶席花品
赏，多于静坐时行之，以抚摩品玩，所以花器以小为
佳。花器置于席中，更觉亲和，娇柔可爱。

❹ 插花之前先确定使、客、主三者的立足点。

❺ 创作时先度量花材与花器的黄金比例。
比例量法：筒高加直径与使枝高度之比为1∶1。

❻ 插作时先插使枝（春兰叶）一从，二从，三从，客枝
（紫珠）一从，二从，继而插置主花（玫瑰），最后插
置玉簪叶作为基盘。茶席花宜小，使用三主枝加基盘
即可将作品的雅致之美表现得淋漓尽致。

　　双花·颂，是翁暖花道的创新设计插花技艺。将传统的插花技艺与盆栽艺术结合在一起，空间营造是非常重要的，在不断地研习与实践当中，发现传统的插花技法不能满足大空间的需求营造，因为空间越大，所需要的花材、人力、物力也就更加庞大。新鲜花材在保养过程中观赏的最长时间为一个星期到十天，当鲜花慢慢枯萎，若不及时更换，则会影响整个空间的调性、生机、美感。在不断实践下，翁暖花道创立了"双花·颂"，创作时直接选用新鲜植物，运用传统插花技艺辅以盆栽艺术创新而成。

## 创新点：

❶ 运用传统插花技法辅以盆栽艺术，在创作时选用新鲜植物中较特殊的材料。所谓特殊，就是新鲜的花材久置后变成永不凋零的干花，久置时虽失去水分，但形态、色泽、质感相差无几。

❷ 采用盆栽艺术设计理念，在陶瓷大圆盘中，种植菖蒲，摆上石头造景。盆栽艺术在清朝时盛极一时，现我们把传统的插花技法与盆栽艺术融合在一起，充分展现了人与自然和谐之美，永不凋零的花作，让人永久置身于大自然中，愉悦彼此的心灵！

伍

贰佰壹拾叁

**插作要点:**

❶ 先固定双花·颂的骨架,因双花·颂插置时不使用剑山、花泥,而是利用自身枝条的稳定性来创造花作,故选择的枝条非常重要,必须具有承受整个花作的能力。

选用竹子作为骨架,竹子风雅,且承受力强、稳定性好,竹子呈绿色,逐渐蜕变为黄色,每一个颜色的转变都有一种美感。

❷ 固定好骨架之后,插置第一根主花,主花南面为王,彰显大气。主花的大小取决于花作体积大小及花器。若花作体积和花器较大,可适当增加主花或副主花的数量。

❸ 固定好主花之后,开始填补从枝,从枝使用刺芹花,它的花头体积较大,可以快速填补从枝的饱满度,且干枯的刺芹颜色形态依然保持完好,是双花·颂插作时优选的花材。

❹ 在创作中尽量让整个花作色彩艳丽,色彩的搭配非常重要,我们用红色金松作为花作的基盘,再增加时一定要注意饱满度与角度。

❺ 在不断的创作过程中,我们会发现花作越来越饱满,色彩越发缤纷,加上黄金球,让整个作品灵动起来。整个花作在创作过程中都需要麻绳固定,麻绳不仅起到固定的作用,更是体现双花·颂根部美感最重要的一个亮点。故在创作中每一圈都要紧,要工整。

❻ 双花·颂在创作时,极为重要的一点就是不使用固定器,通过对草本、木本的了解创作出花作。下图即为传统插花技法,不使用固定器而创作出来的花作。在花盆里加满营养土,种上菖蒲,菖蒲是文人花,在任何空间里它都是人们喜爱的植物,增加整个花作的美感,增加白色小沙石,亦可加上其他造景,如石头、小假山或者品茶器皿。

伍

／

贰佰壹拾伍

陆

形态
礼仪

## 礼仪概述

中国是文明古国。古老的中华民族文化源远流长，在五千年的历史长河中，创造了灿烂的文明，形成了高尚的道德准则、完整的礼仪规范，集中体现了中华传统仪德风貌，所以，中国被称为"文明古国""礼仪之邦"。

古人讲"礼者敬人也"，礼仪是一种待人接物的行为规范，也是交往的艺术。

中国自古就是一个讲究礼仪的国度，礼仪在我国社会政治文化生活中占有很重要的位置。作为在人类历史发展中逐渐形成并积淀下来的一种文化，礼仪始终以某种精神的约束力支配着每个人的行为，礼仪的传承与发展是适应时代发展、促进个人进步和成功的重要途径。

礼仪，一是有助于提高自身修养；二是有助于外塑形象美化自身；三是有助于促进人们的社会交往，改善人们的人际关系。

礼仪在任何工作范畴内体现的都是一种素养，需注重仪容、仪表、仪态和语言。

从个人修养的角度来看，礼仪可以说是一个人内在修养和素质的外在表现。

从交际的角度来看，礼仪可以说是人际交往中适用的一种艺术，一种交际方式或交际方法。是人际交往中约定俗成的示人以尊重、友好的习惯做法。

从传播的角度来看，礼仪可以说是在人际交往中进行相互沟通的技巧。

从团体的角度来看，礼仪是企业文化、企业精神的重要内容，是企业形象的主要附着点。大凡一个成功的企业，对于礼仪都有高标准严要求，都把礼仪作为企业文化的重要内容。

陆

———

贰佰壹拾玖

## 标准礼貌用语

### 一 · 敬语

敬语是表示恭敬、尊敬的习惯用语。

当与宾客交流时，用"您好"开头，"请"字中间，"谢谢"收尾。

日常工作中，"您好、请、谢谢、不好意思、再见"等词用得最多。"请"字包含了对宾客的敬重与尊敬，体现了对宾客的诚意。如"请慢走""请问您几位""请稍等""请您包涵"等。

### 二 · 谦语

谦语是向人们表示一种自谦和自恭的词语。以敬人为先导，以退让为前提，体现着一种自律的精神。

在工作交谈中惯常用有"您太客气了""您过奖了""为您效劳""请您多指教""没关系""请您多见谅""惭愧""不好意思""请问我能为您做点什么"等。

### 三 · 雅语

雅语又称委婉语，是指一些不便直言的事用一种比较委婉、含蓄的方式表达、理解但不愿点破的事。

在日常工作中惯常用的有"您留步""请您尊重""失陪""光顾""告辞"等。

如当宾客提出的要求一时难以满足时，"您的问题可以理解的，我想想办法，一定尽力而为"。"可以理解"是一种委婉语，这样回答可以为自己留有余地。

## 形态总体要求

### 形态的总体要求如下

容貌端正，举止大方；端庄稳重，不卑不亢；
态度和蔼，待人诚恳；服饰庄重，整洁挺括；
打扮得体，淡妆素抹；训练有素，言行恰当。

### 一·容貌

笑容大致可以分为以下几种。

含笑：不出声，不漏齿，只是面带笑意，表示接受对方，待人友善，适用范围较为广泛。

微笑：唇部向上移动，略成弧形，但牙齿不外露，表示快乐、充实、满意、友好。

轻笑：嘴巴微微张开一些，上齿显露在外，不发出声响，表示欣喜、愉快。

浅笑：笑时抿嘴，下唇大多被含与牙齿之中，表示一种内敛。

大笑：不宜。

表情明朗、面带微笑，亲切和善、端庄大方。

## 二·外表

（1）头发梳理整洁，前不遮眉，后不过领。男士不得留鬓角、胡须；女士如留长发，应用统一样式把头发盘起，不擦浓味发油，香水，发型美观大方。

（2）不佩戴项链、手表、戒指、耳环等贵重饰物。

（3）不留长指甲，不涂指甲油和浓妆艳抹，淡妆上岗。

（4）男士坚持每天刮胡子。

## 三·着装

（1）穿着整齐，洗涤干净，熨烫平整、齐全，不得卷起袖子，不得有异味。

（2）佩戴徽章（戴在左胸前）。

（3）鞋袜整齐，统一黑色皮鞋，袜口不宜短于裤、裙脚（穿裙子时，要穿肉色丝袜）。

## 四·个人卫生

（1）做到"四勤"，勤洗手、洗澡；勤理发、修面；勤换洗衣服；勤修剪指甲。

（2）不吃生葱、生蒜等有浓烈异味的食品。

（3）检查自己的仪容仪表。不能在公众场合照镜子、化妆和梳头。

陆

／

贰佰贰拾叁

### 标准礼仪

#### 一 · 鞠躬礼仪

汉代贾谊《新书·容经》中有"固颐正视，平肩正背，臂如抱鼓。足间二寸，端面摄缨，端股整足，体不摇肘，曰经立。因以微磬曰共立；因以磬拆曰肃立；因以垂佩曰卑立，立容也。"

#### 附手礼

双手附胸腹间，上手男左女右，行大礼前站直，表示诚意正心。

注意：当表示哀伤，则均是上手为左。

**平辈见面**

行微磬之礼

身体前倾约15°

陆

### 拜见长辈

行磬折之礼

身体前倾约45°

茶艺

／

贰佰贰拾陆

### 参拜古圣先贤

或拜见德高望重之人

行矩折之礼

身体鞠躬90°

### 鞠躬时

两手自然交叠放于身前

男士左手压右手

女士右手压左手

腰部带动上身前倾

双手稍稍下移

头、颈、背在一条直线上

不可弓背或垂头

## 二·迎宾礼仪

### 引领（指引）带客

指引时，在站姿的基础上，右手臂以关节为轴自然打开，指向目标，手心向内，手指并拢，做"请"的手势。

引领时，在宾客的右侧前方1米左右处侧身行走，走三步后将手收回。同时观察宾客是否跟上，过程中不时示意宾客，上台阶或拐弯处时提醒宾客慢行。

### 开门

从外开门时：先敲门（用手指中间关节敲三下，一重两轻），打开门后把住门把手，站在门旁，对宾客说"请进"并施礼。

进入房间后，用右手将门轻轻关上。

**入座**

请客入座、开灯、开空调、拿服务呼叫器给宾客，给服务器时请说："您好，这是服务器，有需要可以按一下这个服务器，我们马上为您服务。"

如宾客抽烟需准备烟灰缸，宾客不抽烟则不用。

出房间前跟宾客说明离开意图："您好，先生/女士，我先去给您倒杯温水和拿茶单，请您稍等一会。"

## 三 · 站姿礼仪

站姿仪态美是由优美的形体姿态体现的，而优美的姿态又是以正确的站姿为基础。

站立是日常生活、交往、工作中最基本的举止，正确优美的站姿会给人以精力充沛、气质高雅、庄重大方、礼貌亲切的印象。

站姿要求身体重心自然垂直，从头至脚有一线直的感觉，不向左、右方向偏移。眼睛平视，嘴微闭，面带笑容。双臂自然下垂在体前交叉，右手虎口架在左手虎口上。站立时，要求女士脚呈"丁"字形，双膝靠紧，男士双脚张开与肩同宽，双手自然下垂。

面带微笑，
目视前方。
不得交头接耳，
倚靠门或其他物品。

站姿表示对他人的尊重与欢迎。
站立时，神色庄重，目光端正，
身体自然放松。
双手交叠放于身前，男士左手在外，
女士右手在外。

头、颈、背在一条直线上。
不可弓背或垂头。
头正、肩平、背直。

站立时应端正，
不可歪斜，
不可倚靠。

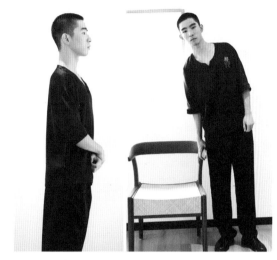

正确示范　　　　　错误示范

## 四 · 行走礼仪

贾谊《新书 · 容经》中有"行以微磬之容，臂不摇掉，肩不上下。身似不则，从然而任，行容也。"

### 古代揖礼

男子左手压右手，女子右手压左手，手藏在袖子里，举手加额，鞠躬90°，然后起身，同时手再次齐眉，然后手放下。

### 走姿

稳健、优美的走姿可以使一个人气度不凡，产生一种动态美。标准的走姿是以站立姿态为基础，以大关节带动小关节，排除多余的肌肉紧张，以轻柔、大方和优雅为目的。行走

时，身体要平稳，两肩不要左右摇摆晃动或不动，不可弯腰驼背，不可脚尖呈内八字或外八字，脚步要利落，有鲜明的节奏感，不要拖泥带水。

头正肩平，
脚步稳重从容。
正式场合行走时，
身体微向前倾。

双手附胸腹间，上手男左女右，目视前方。
站如松，坐如钟，行如风。

## 礼让

步子要轻而稳，步幅不能过大，要潇洒自然、舒展大方，眼睛要平视前方或注视宾客。不能与宾客抢道穿行，遇到宾客距离1米时，须先停下微笑点头行微磬之礼，身体前倾约15°，并用"您好"等礼貌用语问候。若宾客没有事情交代，则后退几步，再转身离开，在工作当中行走，一般靠右侧（不走中间），行走时尽可能保持直线前进。遇有急事，可加快步伐，但不可慌张奔跑。

## 五·蹲姿礼仪

蹲姿仅适用于女性，上身中正挺直，膝关节弯曲，身体重心下移，右脚在前，左脚在后不动、脚尖朝前，右脚与左脚成45°角，左膝盖顶住右膝窝。

### 单脚跪蹲

单脚跪蹲，右脚90°垂直地面，左脚尖着地，脚跟贴合臀部，臀部向下，上体保持直线。桌面较高时，单膝跪蹲常用于奉茶、递物。

席地而坐的空间，应以蹲姿待客，忌用站姿。在不同的空间，接待宾客的礼仪各不相同，站姿给人居高临下的感觉，宾客的体验感也会下降。

## 六 · 坐姿礼仪

正确的坐姿给人以端庄、优美的印象。对坐姿的基本要求是端庄稳重、娴雅自如，注意四肢协调配合，即头、胸、髋三轴，与四肢的开、合、曲、直对比得当，便会形成优美的坐姿。

端坐于椅子中央，占据椅子三分之一的面积，注意上身挺直，身体重心居中，保持平稳。同时，双腿并拢，上身挺直，切忌两腿分开，或一腿搁在另一腿上，不断抖动。可将双手手掌上下相搭，平放于右腿或左腿上。

**入座时，从座位左侧入座**　　　　**离席时，亦从左侧离开**

**离开时要把座椅移回原位**

陆

/

**1·跪坐**

跪坐的姿势很优雅，是最能体现中国文明端庄、肃穆、宁静、谦恭等礼仪风范的坐姿。

席地跪坐盛行于周、秦、汉、魏、晋朝代，是中华传统礼仪中重要的一部分。

**2·盘腿坐**

盘腿坐是一种养生健身法。闭目盘膝而坐，调整气息出入，手放在一定位置上，心无旁骛。盘腿坐又叫"盘坐""静坐""打坐"。盘坐又分自然盘和双盘、单盘。在现代生活中也成为一种修身养性的生活习惯。

礼仪，自古以来都是作为对人进行德育教育、人格完善的一种重要手段。我国古代伟大的思想家、教育家孔子认为："不学礼，无以立。"意为一个人只有学习礼仪，才可使其思想感情潜移默化形成高尚的道德品质，才能在社会上立足成业。礼仪，也是中华五千年人与人之间的相处之道。

礼仪是人们表达思想感情，反映社会生活和精神文明的一种艺术方式，它通过特有的语言、表情、动作等来显示人的素养，以一种特殊的感受来撞击人的心灵。它也可以通过特殊的环境布置、特殊的活动、特殊的氛围，来体现人们对长辈、领导、贵宾、朋友乃至素不相识的客人的尊重，来适应社会规范及道德规范，促进交往和友谊。

无论国家贵宾的接待还是常人的待人接物莫不如此。礼仪还体现在人们人格的平等，以及对他人劳动与付出的肯定与赞许，并使他人获得愉悦。

## 七 · 社交礼仪

### 1 · 交谈礼仪

跟人交谈中，切勿把手撑在桌子上，会被视为傲慢与无礼。

交谈时，切勿不理会他人，起身直接离席，此举让人感觉傲慢无礼，任何情况下都应回应他人再起身离开。

与人交谈时，应第一时间尊称对方，而后再回答具体事宜。

错误礼仪

正确礼仪

## 2·递送物品礼仪

递送名片、书籍等物品时，应将文字朝向对方。

在正式场合捧持物品高度与心齐平，交递物品要双手奉送。

手持贵重物品，应特别小心，步履稳重。

递送剪子、刀具等物品时避免把尖锐端朝对方。

演绎 中华茶文化

# 茶艺

## 传统民俗茶文化演绎

### 唐代煎茶

　　大唐盛世，历经289年，无论经济、文学、艺术，都影响着整个世界。唐代茶艺由陆羽的《茶经》和法门寺出土的唐代宫廷24件茶具演绎而来。陆羽强调水质的清洁，强调活水煮茶，强调思想感情与自然的和谐一致，以得到精神的享受，以茶养身，以茶修德。

唐代煎茶

**第一道：缓火炙茶**

用茶夹将饼茶取出，用文火缓缓炙烤，不停翻动，一直烤出茶香，饼冒热气为度。炙烤好的茶饼，要趁热用纸袋贮藏好，不让茶的香气散失。

**第二道：轻捶慢敲**

待纸袋中的茶饼冷却后，用木槌隔袋敲碎茶饼，可以防止茶饼末四处散落。

**第三道：金刚碾末**

炙烤过的饼茶，待冷却捶碎后要碾成茶末。陆羽认为"末之上者，其屑如细末，末之下者，其屑如菱角"。

**第四道：拂尘细罗**

将碾细的茶用拂末扫出，置入罗盒中过筛，得到茶末。

**第五道：龟盒候用**

将碾好的茶末置入龟盒或竹盒之内备用。

**第六道：活泉煮水**

唐代陆羽认为，煮茶之水，山水为上，江水为中，井水为下。最好选取乳泉石池漫流之水。

### 第七道：煎茶三沸

煎茶的关键在于掌握水的"三沸"。唐代名僧皎然曾说"候汤最难"，微微有声时，为第一沸（一沸可以调盐），水温过低茶味寡淡，水温过高茶味苦涩。

当水中气泡像涌泉连珠时，为第二沸。这时应舀出一瓢水备用，用竹夹搅动水面成漩涡时，从漩涡中心投入茶末并加以搅动。注意茶末与水量的比例，并不断搅动茶汤。

当茶汤出现腾波鼓浪，奔腾溅沫时，为第三沸。这时应将先前舀出的那瓢水倒进去，使沸水稍冷，停止沸腾，以孕育沫饽。

### 第八道：平分秋色

将鍑从火上拿下来放在交床上，这时就可以向茶碗中酌茶了。舀茶汤倒入碗中，须使沫饽均匀，沫饽是茶汤的精华，薄的称沫，厚的称饽，细轻的称汤花。茶汤中最珍贵、香味浓重的是锅中煮出的头三碗，最多可分五碗。分茶时尽量均匀平衡。

### 第九道：共享香茗

唐代煎茶，是用鍑煮，用碗喝。用长柄勺舀出茶汤置于碗内，主客慢慢品尝。陆羽认为，青瓷宜茶，说明当时崇尚用青瓷品茶。饮茶时一定要趁刚烹好，"珍鲜馥烈"时来饮用，只有趁热才能品尝到茶之鲜醇而又十分浓烈的芳香。

唐代茶道思想集儒、道、佛诸家精神，而以儒家思想为核心。通过唐代茶艺的演绎，体现出唐代茶艺天地人的和谐精神，也展示了中国文化发展到开元盛世时期的新特点。

## 宋代点茶

宋太宗太平兴国初年，朝廷特颁置龙凤模，派贡茶特使到北苑造团茶，以区别朝廷团茶和民间团茶。片茶压以银模，饰以龙凤花纹，栩栩如生，精湛绝伦。宋代，在中国茶文化历史中是最精致的一个朝代。

**第一道：焚香静心**

焚点檀香，陶冶静心，诗人黄庭坚在《香之十德》一文中指出，香能除去污秽清净身心。

点茶、焚香、插花、挂画，作为宋人生活四艺备受推崇。

**第二道：炙烹龙团**

用文火烘烤饼茶，龙团是宋代北苑重要贡茶。

**第三道：臼碎圆月**

用茶臼捶碎茶饼，饼茶呈圆形，古人雅称圆月。

**第四道：时来运转**

用茶磨将饼茶碾成细粉，茶磨古人雅称"石转运"，古诗云：转时隐隐海风起，落处纷纷春雪飞。圆体外通常不碍，贞心中立功无违。

**第五道：从事拂茶**

用茶扫扫集茶粉，茶扫，古人雅称"宗从事"，扫云溪友，是扫集茶粉的专用工具。

**第六道：枢密罗茶**

　　用茶罗筛取茶粉，茶罗古人又称"罗枢密"，是筛茶的专用工具。

**第七道：曲尘入宫**

　　将筛好的茶粉，装入茶罐，石磨碾细的茶粉，雅称：曲尘、香尘、玉尘。茶粉是点茶的专用原料。古诗云：碾边飞絮卷玉尘，磨下落珠散金缕。

**第八道：淋泉听汤**

　　既煮水，宋人煮水靠声音辨别水温，二沸、三沸的水最为适合。

**第九道：茶筅沐淋**

　　用沸水冲洗茶筅，茶筅是点茶的专用工具，雅称"雪涛公子"，古诗云：此君一节莹无暇，夜听松声漱玉桦。万缕引风归蟹眼，半瓶飞雪起龙牙。

**第十道：吐瓯出浴**

　　用沸水烫淋茶盏，宋人点茶推崇用闽北建窑的兔毫盏，也称兔瓯。

**第十一道：曲尘出宫**

取茶粉加入茶盏。

**第十二道：茶瓶点汤**

用茶瓶冲点茶粉，茶瓶又称"汤瓶水注"，是点茶的专用工具，古诗云：龙焙中春进乳茶，金瓶汤活越瓯花。

**第十三道：龙绞出洁**

将茶粉加水调成膏状，古人称"龙绞"。

**第十四道：周回一线**

环盏中注水，势不欲猛，既入既止，茶盏击拂，用茶筅击拂茶汤，手轻筅重，指绕万转，上下透彻。古诗云：香凝翠发云生脚，湿满苍髯浪卷花。到手纤毫皆尽力，多因不负玉川家。

**第十五道：持瓯献茶**

将茶盏放入盏托中献给来宾。

## 清代宫廷茶艺

唐煎，宋点，明清撮泡。明清两代500多年中，茶叶品种进一步增多，六大茶类都始兴或进一步发展，开创了我国传统茶叶发展的新时代，中华茶文化也继往开来，跃上了新的境界。在中国饮茶史上，明代倡导的以散形条茶代替穷极工巧的"饼""团"茶，以沸水冲泡的瀹饮法代替传统的研末而饮的煎茶法，是具有划时代意义的变革。

关于宫廷品茶，载录清代茶事的书当首推《清稗类钞》，据记载："乾隆中，元旦后三日，钦点王公大臣之能诗者，宴会于重华宫，演剧赐茶，命仿柏梁体联句，以记其盛，复当席御诗二章，命诸臣和之，岁以为常。"

清代皇帝虽然是满族人，但是他们都爱好饮茶，特别是乾隆皇帝尤其喜爱，6次南巡杭州，就有4次到过西湖茶区，并写下许多茶诗。因此上等佳茗都要进贡皇室，皇宫上下饮茶蔚然成风。

龙井，是乾隆皇帝最喜爱的茶，将热水徐徐灌入杯中，泡一杯沁人心脾的龙井茶汤，感受清朝天子饮此茶时的情景。

### 再游龙井作

[清]乾隆

清跸重听龙井泉，明将归辔启华斿。

问山得路宜晴后，汲水烹茶正雨前。

入目光景真迅尔，向人花木似依然。

斯诚佳矣予无梦，天姥那希李谪仙。

## 客家擂茶

客家人热情好客，以擂茶待客更是传统的普遍礼节，无论是婚嫁喜庆，还是亲朋好友来访，即请喝擂茶。

擂茶有一套称为"擂茶三宝"的工具。

一是口径50厘米且内壁有粗密沟纹的陶制擂钵；二是用上等山楂木或油茶树干加工制成的擂棍；三是用竹篾制成的捞滤，碎渣的"捞子"。

制作擂茶，用一把好茶叶、适量芝麻、几片甘草等，置入擂钵，手握擂棍沿钵内壁顺沟纹走向有规律旋磨。

（1）将茶叶等研成碎泥，即用捞子滤出渣，钵内留下的糊状食物或称"茶泥"，或称"擂茶脚子"。

（2）冲入沸水，适当搅拌，再辅以炒米、花生米、香菇、虾米等，就是一缸集香、甜、苦为一体的擂茶了。

（3）品尝擂茶时，茶桌上荡溢出一片诱人的清香。

一口试饮，口舌生津，满腔留香；

二口深饮，神气仙人，通体舒畅。

一场擂茶席，就是一幅淳朴的风俗画。一张张桌子排开来，男女老少团团围住。客人喝着茶，说今论古，谈笑风生。

# 茶艺

/

贰佰伍拾

**白族三道茶**

　　"三道茶"是大理白族人民的一种茶文化，早在南诏时期即作为款待各国使臣的一种高贵待遇。明代崇祯十年，徐霞客写道"注水为玩，初清茶、中盐茶、次蜜茶"。白族同胞每当逢年过节、宾客临门，都要以原汁原味的传统饮茶方式款待宾朋。

　　第一道为"苦茶"。把云南晒青毛茶置于烤茶炉内，烤茶时抖三次使茶均匀受热，待烤至焦黄发香时，加入开水冲泡。头道茶经烘烤冲泡，汤色如琥珀，香气浓郁。一道茶入口很苦，寓意要想立业，必先学做人，不要怕苦，要一饮而尽，会觉得香气浓郁，苦有所值。

　　第二道为"甜茶"。在烤的基础上，加上白族特制的一种奶制品乳扇、干核桃仁、炒制过的白芝麻、云南手工红糖配制，待煮好的茶汤倾入八分满为止，此道茶甜而不腻，所用茶杯大若小碗，可以一次品饮尽兴。二道茶香甜可口，浓淡适中，寓意人生在世历尽沧桑，苦尽甜来。

　　第三道为"回味茶"。在壶中先放入花椒、生姜、肉桂、蜂蜜、红糖，然后用沸水冲泡煮沸。此道茶甜蜜中带有麻辣味，回味无穷。因桂皮性辣，辣在白族中与"亲"谐音，而姜在白语中读"菒"（gǎo），有富贵之意，所以此道茶表达了宾主之间亲密无比和主人对客人的祝福。三道茶因集中了甜、苦、辣等味，又称回味茶。

　　"三道茶"寄寓着"一苦二甜三回味"的人生哲理，也代表了三种人生境界，慢慢品茶之时，顿觉人生如茶，芳香宜人！

# 主题茶文化演绎

## 承古拓今 开启新时代

### 1·汉代煮茶

西汉是茶文化的萌芽期，茶由药用、食用，扩展至饮用。从顾炎武自秦人取蜀后始知茗饮之说，茶文化萌芽大约可以从秦汉起。秦汉两朝400多年，茶在作药用、食用的同时逐步发展至日常饮用，并成为可交换和买卖的商品，茶的品饮文化开始萌芽。从西汉经过南北朝和隋朝，茶用鲜叶或者干叶煮成羹汤食用，又或者是在茶中加入茱萸、桂皮、葱、姜、枣等煮成汤汁制成药饮。

### 演绎步骤

❶ 听到"西汉是茶文化的萌芽期"汉代茶师开始面向观众行汉代礼。读到"从顾炎武自秦人取蜀后始知茗饮之说"，汉代茶艺师拿起存储热水的陶罐，将热水加入陶锅中煮沸。

❷ "大约可以从秦汉起"这一词出现时，用镊子拿起茶饼放进石臼中捣碎成茶末，接着倒入陶锅中煮沸。

❸ "逐步发展至日常饮用"一词出现时，汉代茶师拿起装有葱、姜、蒜、桂皮的碗分别投入陶锅中均匀搅拌。

❹ "茶用鲜叶或者干叶煮成羹汤食用"一词出现时，用木勺把茶汤平均分汤到三个陶碗中。

❺ "煮成汤汁制成药引"一词出现时，汉代茶师拿起唐代的备茶盒缓缓走向唐代茶师。

## 2·唐代煎茶

唐代已有饮粗茶、散茶、末茶、饼茶，但主流是以饼茶为主，唐代饮茶，提倡清饮，不再用葱、姜、花椒等，只加适量盐。煎茶法是指陆羽《茶经》中记载的一种煎茶方法，主要用饼茶经炙烤、冷却后碾罗成末，初沸调盐，二沸舀出一瓢水后投末并加以搅拌，三沸则止。饮用时趁热将茶渣和茶汤一起喝下去。吃茶煎茶道鼎盛于中晚唐，历五代、北宋、南宋而亡，为时约500年。

### 演绎步骤

❶ "唐代已有饮粗茶、散茶、末茶、饼茶"一词出现时，唐代茶师向观众行唐代"插手礼"，听到"但主流是以饼茶为主"一词唐代茶师用小勺舀起一勺盐投入煮水"釜"中，接着拿起银勺搅拌均匀同时听到"记载的一种煎茶法"一词舀出一勺水放在右手边备用。

❷ 一同在右手边拿起一个小勺在左身旁的备茶龟盒中取出一勺茶投入釜中煮沸。

❸ 听到"三沸则止"，唐代茶师同时拿起银勺从釜中舀出一勺茶水平均分到盏杯中。

❹ "煎茶道鼎盛于中晚唐"一词出现时，唐代茶师拿着宋代茶罐缓缓走向宋代茶师。

## 3·宋代点茶

宋太宗太平兴国初年，朝廷特颁置龙凤模，派贡茶特使到北苑造团茶，以区别朝廷团茶和民间团茶。片茶压以银模，饰以龙凤花纹，栩栩如生，精湛绝伦。宋代在中国茶文化历史中是最精致的一个朝代。

### 演绎步骤

❶ 听到"宋太宗太平兴国初年"一词宋代茶师向观众行礼，"派贡茶特使到北苑造团茶"一词宋代茶师拿起汤瓶向建盏环绕一周注水清洁器皿。

❷ 听到"在中国茶文化历史中"一词唐代茶师拿起茶罐取出茶粉一勺投入建盏中。

❸ 拿起汤瓶注入三分之一开水，后拿起茶宪击打，后再注水到七分满，再次拿起茶宪击打直到碗中茶汤泡沫细腻结束。

❹ 宋代茶师听着鼓声缓缓走向明代茶师传递茶盒。

### 4 · 明代撮泡法

明代饮茶改宋代点茶法为撮泡法，开千古茗饮之宗。散茶用沸水冲泡饮用，虽明代之前也有，但将这种饮茶法推广于宫廷和官宦之家进而影响朝野则是在明代。《长物志》中称撮泡法"简便异常，天趣悉备，可谓尽茶之真味矣"。

### 演绎步骤

❶ "明代饮茶"一词出现明代茶师拿起茶叶投入紫砂壶中；"散茶用沸水冲泡饮用"一词出现时明代茶师拿起玉书碾以悬壶高冲方式将开水投入茶壶中。在听到"明代"一词明代茶师用刮顶淋眉方式刮去多余泡沫，后用"执壶低湛""关公巡城"方式出汤、洗杯。

❷ 听到"简便异常"一词拿起左手边第一个杯开始洗杯，三杯中留一杯淋壶用。

❸ 淋完壶后，出汤时用"执壶低湛""关公巡城""韩信点兵"方式出汤。

❹ 鼓声响起，明代茶艺师拿着现代茶艺师茶盒缓缓走过传递给现代茶艺师。

### 5 · 现代工夫茶

茶的主要展现形式便是散茶，冲泡方式也发展为以壶和盖碗冲泡为主。随着饮茶方式的不断演化发展到清代雍正年间时，使用盖碗泡茶便逐渐盛行起来，盖碗又称"三才碗""三才杯"，是一种上有盖、下有托、中有碗的汉族茶具。盖为天、托为地、碗为人，蕴含天地人和之意，也是中华民族源远流长的茶文化的一种体现。

### 演绎步骤

❶ 现代茶艺师做展示器皿动作。

❷ "茶的主要展现形式便是散茶"一词明代茶艺师拿起壶绕着盖碗顺时针注水，润壶烫杯，清洁器皿。

❸ 将干茶投入盖碗中，再一次激发出茶香。

❹ 干茶投入之后定点注水七分满，后用平衡沏茶法出汤。平均分配到每一个品茗杯结束。

**纪屈原**

屈原曾在华夏大地上仰望苍穹，发出《天问》这惊世骇俗之问和《离骚》《九歌》《颂橘》等诗作一起汇成中国史上首部浪漫诗歌总集——《楚辞》。

《楚辞》不仅为我们留下了在世界文学史上熠熠生辉的文学瑰宝，更是将屈原勇于探索的思想精髓和情牵百姓的这些家国情怀镌刻在了华夏文明延绵不断的血脉之中。

屈原以《天问》提出关于宇宙的疑问这是跨越2000多年的发问，这是延续了2000年的求索，"路漫漫其修远兮，吾将上下而求索"，宇宙无穷，求索也无穷。而今我国航天人正是以这种求索精神探索太空。

中国首个自主研发的太空探测器以《天问》命名——天问一号，天问一号在2020年7月23日发射成功。它经历了近1年的太空飞行成功飞到火星。中国的脚步从地球进入广袤的太空里，在奔流不息的千年文脉中，屈原辟造中华文脉之新篇，塑造了中华民族之源流。屈原求索、爱国的精神影响着我们一代又一代人。

人们终将逝去，精神至死不渝。

**演绎步骤**

① 焚香静气。

② 当音乐"操吴戈兮被犀甲"响起，汉代茶艺师缓缓走出舞台；"城既勇兮又以武"开始入席。

③ "明明暗暗"一词出现开始行汉代礼敬观众，"圜则九重"一词拿起茶饼至炭炉进行烘烤，反复烘烤三下结束归回石臼中杂至碎末即可。

④ 拿起煮水器至炭炉上，后拿起存放水的壶用低湛方式倒入煮水器。

⑤ "路漫漫其修远兮，吾将上下而求索"一词开始，现代茶艺师缓缓走出，走到座位边于汉代茶艺师相互行点头示意礼，行完礼，现代茶艺师坐下向观众行点头礼。

⑥ 汉代茶艺师开始将茶碎末投入煮水器里面，随手拿起右手边木勺搅拌茶，使之茶汤交融，更入味。同时现代茶艺师开始第一步烫壶温杯，后开始烘茶冲点。

⑦ 汉代茶艺师将装有葱、姜、蒜、花椒、陈皮的料碗按顺序投入煮茶器，同时现代茶艺师开始"悬壶高冲"注水，沿壶边定点入水，不能直冲壶心。之后盖上盖子"刮顶淋眉"，刮去高冲时激起的白色茶沫，同时也可以起到使茶受热均匀的作用，香气发挥得更好。

⑧ 汉代茶艺师将煮茶器里面的茶用木勺均匀舀起三勺分到茶碗中，同时现代茶艺师拿起壶"执壶低湛"至三个品茗杯中，后"关公巡城"步骤，最后将留壶中的三滴余水"韩信点兵"至每一个品茗杯中。

⑨ 现代茶艺师和汉代茶艺师分别拿起桌上的茶杯并同时起身走到舞台中央相互对视，后看向观众直到"敬屈原"，同时转身端着茶杯行举案齐眉礼。"敬祖国"一词同时转身面向观众行举案齐眉礼，音乐结束，现代茶艺师前汉代茶艺师后按顺序相继离开舞台。

# 茶艺

/ 贰佰伍拾陆

《山海经》有云，凤凰五种色纹所含的品性最有代表性，"首文曰德，翼文曰义，背文曰礼，膺文曰仁，腹文曰信"，其五德与儒家的五常"仁、义、礼、智、信"有相通之处，而凤凰单丛五要素"形、色、香、味、韵"，也蕴含了凤凰的五德。

凤凰单丛见证过古代畲汉民族融合，见证过近代至今的茶叶出口贸易与民生，见证过当代茶叶的外交，蕴含着历史，承载着传统，传播着文化。以凤凰单丛茶习传统文化，学古人之志，创当下美好生活再合适不过。

《潮州府志》记载，凤凰单丛茶始于南宋末年，至今已有700多年历史。

1279年，宋帝赵昺被元兵逼迫在广东崖山投海，宋朝陨灭，畲族为祭奠宋朝将三株老丛凤凰茶称为"宋种"，潮州士子托物言志，将凤凰山的茶称为宋茶，宋茶是南宋遗民心中的火种。

"食宋茶"见汉民族不忘周初伯夷，叔齐"不食周粟"，不失其节，不堕其志。宋茶只产于凤凰山，今日种三株，有道是，"道生一，一生二，二生三，三生万物"，只要这种子在，这民族之根就在。

清朝开放海禁后，潮商敢于冒险，善于经营。清代潮人的海上贸易形成潮汕商人独特的海上丝绸之路。清朝六大茶类已逐步成熟，一杯好茶，重要的是制作工艺，但更重要的是制茶师傅的"功夫"，凤凰单丛茶的工艺有萎凋—做青—杀青—揉捻—干燥—焙火。守一颗匠心，做好每一道工序，我们的茶才能走出国门，我们的文化才能生生不息。

"宋茶"凤凰单丛所代表的民族文化与精神，更是随着"红头船"远涉重洋，广为传播、延绵不断。潮汕人无论走到哪里，工夫茶就延续到哪里，工夫茶沉淀在到每个潮汕人的骨子里，是百年赓续的悠长滋味，更是家乡记忆的情结。

潮汕工夫茶起源于宋代，形成于明末清初，在广东的潮汕地区及福建的漳州、泉州一带最为盛行，乃唐、宋以来品茶艺术的承袭和深入发展，是中国古代工夫茶的"活化石"。今以宋代传承至今的工夫茶技艺，并采用潮汕工夫茶"四宝"：孟臣罐、若琛瓯、潮汕炉、玉书碨，冲泡一杯宋茶凤凰单丛。水为茶之母，器为茶之父，泡一杯好茶，

好器与好水不能少，娴熟精湛的泡茶"功夫"也不能少。沿着孟臣罐4点钟方向，壶口位置逆时针环绕一圈对壶身进行冲淋，让水的温度里外润透器皿，技法谓之"孟臣淋霖"，可达到醒茶，提升茶香的作用。

宋茶单丛条索紧结重实，色泽乌润，内质香气浓郁，花香蜜韵，因生长于高山，终年云雾缭绕，酚氨比适宜，内含物质丰富。

用传统的宣纸盛装茶叶，慢慢往壶口投入，条索均整者先投入壶前方，稍碎者投壶后方。此技法谓之"乌龙入宫"；用100℃的水，执壶高度5～10厘米，水柱直径1厘米，注水倾斜角度45°～60°注入茶壶中。高冲可以增加水中的力量从而提高茶香，低洒有助于减少茶香散失，所谓未尝甘露味，先闻圣妙香！

出汤时采用"关公巡城"来回提壶斟茶，使杯中茶汤不厚此薄彼，汤浓淡一致，最后壶中剩余少许茶汤时采用"韩信点兵"技法传递中国茶道。

从一杯茶中，激活历史典故，从一杯茶中，洞见中华优秀传统文化。

《粤茶赓续，文脉延绵》，今以一杯宋茶单丛献给大湾区，千年茶文化，新时代大发展，助力湾区文化复兴。

## 匠心守初心

今天，我分享一位在文化传承之路上拥有不凡人生的一位女性，也是鼓励我，鞭策我，在传统文化之路砥砺前行的领路人——我的恩师。她是个地地道道的潮汕人，儿时的她生长在凤凰山脚下，听着父辈讲茶、学着父辈制茶、跟着父辈喝茶，茶在她的生命里是一颗种子伴随着她成长，滋养着她生活。因为从小的文化滋养和对茶的爱，从此她走上了"茶"的探索之路。她用20年的时间浇灌滋养"茶"这颗种子，慢慢地这颗种子长成了参天大树。

自2002年，老师创办茶文化品牌，20年来专注传统文化赋予了她不凡的人生。在此期间她以一颗平和之心，承古创今，创新传承，把茶文化遥远又亲切地融入当下生活，创造冲泡新技法——平衡沏茶法。创造平衡沏茶法的灵感来自中华传统文化，《易经》亦有"一阴一阳之谓道"的说法。世间万物发展皆遵循阴阳之道，万事自有道，只要有一颗平和之心，与万物和谐共生，共创当下的美好生活。双手平衡使用，对人类头脑潜力挖掘和平衡能力激发大有好处。而泡茶人双手作舞，或呈一唱一和之式，或现高低错落之势，从容和谐，美不胜收，更是为饮茶增添了美学欣赏的价值。平衡沏茶法除了兼具泡茶人的养生、饮茶人的享受，更重要的是，此技法能使茶叶茶香充分入水，汤感绵滑细腻，真正让饮茶人闻到清美茶香，品尽个中滋味。

老师将茶作为载体，融入中华民族几千年的传统文化，把孔子的仁爱观、庄子的逍遥观、墨子的兼爱观传播给越来越多的国人。特别是2020—2022年，老师带领着我们举办线上线下无数次文化传播公益活动，影响数万人。在人们生活最沉闷的时候给予了无数心灵的滋养，在老师的带领下我们不断传播中国传统文化，承担起传承中国传统文化的使命感，坚定文化自信。在老师的影响下，我也不断从传统文化中汲取养分，不忘初心、以茶为媒介弘扬传播中华优秀传统文化。将来，我也希望做一个像老师那样的人，滋养着别人亦滋养着自己。

# 茶艺

/

贰佰陆拾

我来自潮汕，潮汕地区世代就有种茶、喝茶的传统，在潮汕本地，家家户户每天开门第一件事就是泡上一壶茶。平日客来敬茶，以表示敬意欢迎。

一杯茶，泡出了潮汕游子的故乡梦，泡出了潮汕子民的家乡情。

我从小泡在茶缸里长大。

我的阿爸爱喝茶，每天清晨阿妈都会为阿爸泡一大壶茶，让阿爸出门时带上。

我的阿妈爱喝茶，每逢家里来了客人，阿妈都会泡一壶好茶招待客人。

后来，好像冥冥之中注定了我与茶一辈子的缘分一样，我开始投身于茶的事业当中。

我爱上了茶，我开始明白了茶对于阿爸阿妈的意义。

潮汕工夫茶，融入了潮汕人世世代代的情感。茶在潮汕人心中已不再是简单的饮品，而是生活中的生活，承载着潮汕人的生活态度，映耀着潮汕人的处世哲学。

中国的茶文化源远流长，由于饮茶文化的流行，茶文化被吸收融入传统婚俗文化当中。

传统婚俗中的敬茶礼，在中国已有1000多年的历史。

一向父母敬茶，感恩父母的养育之情。

二夫妻互相敬茶，表示对婚姻从一而终、相敬如宾。

明代郎瑛在《七修类稿》中记载，种茶下子，不可移植，移植则不复生也，故女子受聘，谓之吃茶。又聘以茶为礼者，见其从一之义。

阿爸阿妈，女儿今天要出嫁了。

今天我要泡一杯最好喝的茶，双手敬奉给您。

感恩您含辛茹苦将我养育成人，教我为人处世。

感恩，这一杯茶告诉我，舐犊情深，父母之爱，深如大海。